树仙斋携手中国社会科学出版社发出关爱自然和他人的倡议，

而这些不起眼的实践将点燃改变地球环境的希望。

酷码：143575

本书视频下载

与人类对话灾难

动物们传递出的拯救地球及全人类的**希望信息**

[韩] 崔璟娥　著
金圣烋

Vital Messages

中国社会科学出版社

图字:01-2011-6462号

图书在版编目(CIP)数据

与人类对话灾难:动物们传递出的拯救地球及全人类的
希望信息/(韩)崔璟娥,(韩)金圣烋著;(韩)金重模译.—
北京:中国社会科学出版社,2011.10(2013.4重印)
ISBN 978-7-5161-0192-6

Ⅰ.①与…Ⅱ.①崔…②金…③金…Ⅲ.①动物–
关系–自然灾害–研究Ⅳ.①Q95②X43

中国版本图书馆CIP数据核字(2011)第208844号

出 版 人 赵剑英
责任编辑 王 斌 孙晓晗
责任校对 高 婷
责任印制 王 超

出版发行 中国社会科学出版社
社 址 北京鼓楼西大街甲158号(邮编100720)
网 址 http://www.csspw.cn
中文域名:中国社科网 010-64070619
发 行 部 010-84083685
门 市 部 010-84029450
经 销 新华书店及其他书店

印刷装订 北京君升印刷有限公司
版 次 2011年10月第1版
印 次 2013年4月第2次印刷

开 本 787×1092 1/32
印 张 7.75
字 数 127千字
定 价 35.00元

危情地球，你就是希望！

"只要能把我们知道的地球危机传达给人类，
我们赴汤蹈火也在所不辞。"

< 在与通过集体自杀的方式来告知地球危机的鲸鱼的对话中 >

"我们早就盼着与您见面了。
我们能够感知到人类感知不到的许多变化。"

"因此,
我们不得已采取这种极端行动来告诉人类我们已经知道的事情
——现在地球已经是危机重重了。"

"在全球各地发生的自然灾害等灾祸,
是一个失去了免疫力的生命体
为恢复自身免疫力所做的挣扎,是为了活着……"

"现在地球危机一触即发。
地球上的所有生物都知道这一事实，
唯独人类不知道。"

缘何发行动物们传递出的
拯救地球和人类的《希望信息》一书

　　近年来，地球逐年增多的高温、暴雪、洪水、地震等灾害给人类造成了严重的人身和财产损失。此外，年年发生的口蹄疫、禽流感等疾病，至今也没有具体可行的对策，只是在杀死无辜的生命。有这样的一幕幕：被安乐死的母牛，临死时还哺乳着小牛犊；在被埋的坑里吓得嗷嗷直叫的猪仔，到处找寻猪妈妈……这些赤裸裸地表现出了人类的自私和残忍。人类查不出不断扩散的传染病因，只是在干巴巴地等待噩梦的结束。

　　人类总是以忙碌为借口，对地球及动物们的伤痛视而不见。他们追求安逸的生活，以及拥有以万物灵长自居的优越感，每时每刻都在折磨地球及地球的家人们。使地球变成肮脏不堪、污染严重的生命体的只有人类。

　　如果动植物与人类沟通对话，它们会对人类说些什么呢？冥想学校树仙斋的六位冥想家通过深层冥想，实现了与动植物精灵的"心灵感应"，并通过本书将它们接收到的信息诉诸世人。

我们不认为本书内容纯属虚构，书中所说的，不管其声音来自哪里，在我们看来，都应当是真实存在的。动植物们为将他们的信息广布人间而苦苦等待着。它们说，它们遭受的一切痛苦不久就会原封不动地还给人类……它们还说，人类迷途知返，与自然和谐共存，仍有希望……

最后，向与动物对话的冥想家们表示诚挚的谢意，向对本书的出版作出巨大贡献的动植物精灵们表示感谢。

本书谨献给因人类的傲慢和残忍而痛苦不堪的动植物们。

树仙斋 编辑部

目录

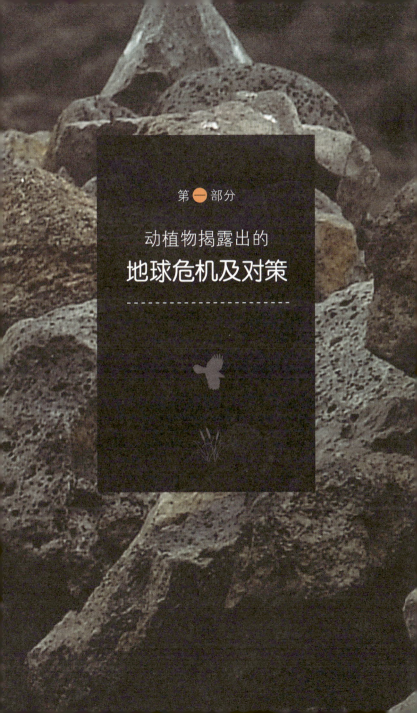

第一部分

动植物揭露出的
地球危机及对策

惨不忍睹的大地震，
如果降临到你和你的妻儿身上？

2008年5月12日早上六点 中国四川省汶川县

金代理像往常一样，开始了安静平和的一天。他帮着即将临盆的妻子做好早饭，然后与5岁大的女儿吻别，像往常一样去上班。风和日丽的春日，汶川天空晴朗，阳光明媚。多么平和的清晨啊！

金代理是一家中小企业的核心人物，得到升迁的同时收到了被派往中国的调令。当大企业热衷于新型洗衣机的开发时，金代理所在的这家企业却对过时的大容量洗衣机情有独钟，并且瞄准了国外的利基市场，大赚了一笔。这次成功归功于金代理的创意。他们赶上了中国经济高速发展的好时机，洗衣机的销售风生水起。由于中国劳动力廉价，公司在中国设立了工厂，金代理被指名为该厂的负责人。靠平时刻苦学习汉语，他已经可以与中国人毫无障碍地交流了。家人也得到了公司的关怀，使他在中国过着安逸舒适的生活。在别人眼里，他的生活稳定，正处在人生的上升期。

这一天，他哼着小曲，在每天都经过的十字路口处等待着绿灯。然而，这时突然传来了人们的惊叫声。金代理往人头攒动、声音嘈杂的地方走去，发现不计其数的蟾蜍正成群结队地穿越马路，去向不明，多数蟾蜍被过往的车辆压死。人们当时都觉得这是一种凶兆，却没有多在意，又开始各忙各的。

（如果当时人们对蟾蜍成群结队的行为稍加留心，是否可以避开即将来临的这场旷世灾难呢？）

上午8点

金代理来到办公室。在他的办公桌上，放着关于自我开发的书籍和几本当时非常畅销的有关股市投资的书。金代理是一位严格自律、诚实守信的人，他在公司里工作认真，换来的是家人富足的生活环境。而且，公司的销售业绩不断增长，在定期人事改组中，金代理的晋升已是板上钉钉的事情了。他再也不会羡慕在大企业里工作的大学同学了，他们升职的机会少之又少，而且整天担心被炒鱿鱼，工作时战战兢兢。

中午12点，午饭时间

午饭后，金代理像往常一样视察生产车间。

"没什么问题吧？"

负责监督生产流水线的厂长朴先生答道：

"有问题啊！要求订货的电话太多，我们都没法工作了。哈哈……"

朴厂长心情很好，打开了话匣子。金代理望着生产线上源源不断产出的洗衣机，掩饰不住心里的高兴。此时，屋顶的电灯突然晃动了起来，金代理和朴厂长大为吃惊。如果因停电导致停产，不仅造成巨大的经济损失，而且订单不能如期完成，公司的信誉度将大大受损。于是，金代理要求朴厂长必须保证工厂的预备电量充足。

（如果当时金代理能预料到即将发生的事情，而不是仅仅担心工厂的损失，是否可以避开这场灾难呢？）

下午2点25分

吃过午饭，困意袭来，金代理为了打发困意，走出门外，准备吸一支烟。他深吸了最后一口，然后向空中长长地吐了一个烟圈儿。就在此时，突然间天旋地转，大地轰鸣。金代理惊慌失措，灼热的烟头烫着了手，他都没有发觉。是地震！瞬间房屋倒塌，人们四处奔窜，呼喊声响起，烟气弥漫着天空。这时，金代理的头部不知被什么东西狠狠地砸了一下，失去了意识。

不久，有人使劲摇着金代理，他感到头痛欲裂，睁开了双眼。

"好点了吗？"

刚刚缓过神儿来的金代理发现是救援队的人，周围警笛长鸣，哭声一片，呻吟声不绝于耳，现场一片混乱。

"这里是……现在……发生什么事了？"

"地震了。仅仅两分钟时间，整个汶川地区已经成为废墟了。"

金代理一下子就清醒了过来。他想起了在幼儿园里的女儿，想起了在家中待产的妻子……

金代理像疯了一样狂奔向女儿所在的幼儿园。幼儿园中，不断听到求救的哭叫声，惨不忍睹。然而，金代理却听不到女儿的哭救声，猛然间，他似乎在断壁残垣中看到了女儿的裙角。于是他疯狂地跑进房屋残骸中，双手试图搬开裙角上面的石块儿，但是手不停地抖，完全没有了力气。在救援队的帮助下，他最终将女儿救出，然而，为时已晚。

看到女儿那小巧可爱的手儿，看到每天都要和自己吻别的小嘴儿，女儿如今却冰冷地躺在了自己面前。浑身青肿的女儿，已经变成了血人，脸上还残留着泪痕。女儿受了多大的罪呀？幼小的她当时该有多么害怕呀？金代理抱着女儿，放声痛哭。

　　他抱着女儿的尸体，快速跑向家里。没过多久，迎接他的又是妻子僵硬冰冷的尸体。妻子在最后的生死关头还用双手护着肚子，试图保护未出生的孩子。医生闻讯赶来后，确认了她们的死亡。据医生讲，妻子被救出时，还有气息，但是截肢时流血太多，很快就咽气身亡了。

　　这是五年来金代理夫妇盼来的即将出生的第二个孩子，他们曾经多么激动啊！失魂落魄的金代理已经流干了眼泪，他唯一想做的就是虔诚祈祷：祈祷这一切都只是自己做的一场噩梦。

　　金代理令人羡慕的完美生活就这样在汶川大地震的两分钟内被全部摧毁。世上真的有神灵存在吗？如果真的有神，那他为什么如此残忍地杀死无辜的女儿和未出生的孩子呢？如同黑白电影胶片一般烟雾缭绕的事故现场，金代理，以及像他一样的人们，还有失去父母的孩子们都在哭泣。在自然灾害面前，在死亡面前，人类如此渺小，如此毫无反击之力。

　　金代理想质问神灵，为何让我遭受这种考验？为什么偏偏是我？地震凭什么让我一无所有？类似没有答案的问题接踵而至。如果时间能倒流，如果能回到蟾蜍成群结队穿过马路的时刻……不，再往前，如果能防止地震的发生……不管是什么他都愿意做。

　　"地球为什么要经历地震等惨祸呢？""人凭借自身力量到底能否防止自然灾害的发生？"

★★★★

　　上面是将2008年在中国四川省汶川地区发生的地震戏剧化的场面。虽然地震发生在中国四川，但大家如果想一想每年不断增多的自然灾害就会明白，这样的惨祸随时都可能发生在自己身上。最后，金代理的两个问题"地球为什么要经历地震等惨祸呢？""人凭借自身力量到底能否防止自然灾害的发生？"的答案，在后面的人与动植物的对话部分，动植物们将给予解答。读完本书的第一部分时，您心中也将找到这两个问题的答案。

1

蜜蜂传递出的
2011年经济危机

. . . .

蜜蜂消失了，人类就会灭亡？
近来频现"蜜蜂集体自杀"事件，
蜜蜂想传达的事实真相是什么？

韩国报纸报道土蜂集体猝死及由此引发的农民示威事件。此外，全球各地都出现过蜜蜂大量消失的现象。爱因斯坦曾经预言，如果蜜蜂消失了，地球也将灭亡，地球到底怎么了？我试着与蜜蜂进行对话。

蜜蜂消失了，人类就会灭亡？

▶▶▶ 蜜蜂先生！请求与您对话。近来蜜蜂大量消失，养蜂人极为痛惜，这些情况您都知道吗？人们都觉得事出蹊跷，对以后的农业生产忧心忡忡。

我们蜜蜂对此次与人类的对话期待已久了，地球万物莫不如此。众所周知，蜜蜂比人类对环境变化更为敏感，人类感知不到的许多变化，我们能够感知到。所以，我们不得已采取这种极端行动来告诉人类我们已经知道的事情——现在地球已经是危机重重了。

▶▶▶ 俗话说，蜜蜂是环境的晴雨表，它被认定为环境的标尺。请问蜜蜂先生，您为什么对环境的敏感度比其他昆虫要强得多呢？

不错，我们蜜蜂的确是环境的晴雨表。如同金丝雀能揭示空气的污染状态一样，我们蜜蜂能揭示环境的污染情况。我们天生就只能在清净的地方生存。在我们的基因中，负责解毒和免疫的基因只有其他昆虫的一半，所以，我们无力阻止病原菌的入侵。

我们蜜蜂大多数时间是在用蜂蜡铸成的家里度过的，有外界杂质进入蜂房或有成员去世时，我们马上将其搬出房外，以保持蜂房的无菌状态。我们一旦得病，将丧失掉方向感，有可能无法回家。如果外界杂质太大以至于无法搬运时，我们就用蜂胶①将其包裹起来，以保持蜂房的无菌状态。这是因为，在被污染的地方，我们无法生存。

在环境污染指标没有超过我们的底线时，我们蜜蜂就会积极地帮助花儿们授粉，繁荣万物，同时增加氧气的排出量。然而，一旦环境污染指标超出我们的底线，

---

① 蜂胶：蜜蜂从植物采取的类似树脂的物质，然后混合上蜜蜂的唾液及霉素而成。

并且我们无计可施时，就会以死来警示人们环境污染的严重程度。我们死后，花儿们将不能授粉从而无法结果，我们就是以此来告诉人们环境污染的严重性。

▶▶▶ 爱因斯坦曾经这样说过："如果蜜蜂消失，四年内人类将绝种。"全球各地已经有蜜蜂集体死亡的事件发生了，人们对自身的未来忧心忡忡，但是也有人认为这只是暂时的现象。在生态界，蜜蜂到底发挥着什么样的作用让爱因斯坦做出以上预言呢？

众所周知，植物无法自己授粉。植物要授粉成功，必须有起催化作用的物种，这就是我们。作为补偿，我们汲取蜂蜜来补充养分。人类因为我们的出现才过上富足充盈的生活，这样说绝非言过其实。现在，花朵80%、水果90%的授粉工作都是由我们来负责。

然而，如报纸、广播里的报道，蜜蜂已经死掉了90%～95%。由于之前我们负责的花朵授粉工作无法进行，所以大量水果和谷类将无法结出果实。尽管有几种果实已经实现人工授粉，但是，这种做法无法替代昆虫的作用，特别是我们蜜蜂。

我们一旦消亡，大量水果和谷类将减产，同时植物种类也将随之减少。这也必将导致动物物种的减少。因为动物将缺少粮食，当然人类也必将无法再现以往的繁荣富足。

很遗憾，危机已经迫在眉睫。当前，气候异常不断引起自然灾害的发生，植物减少又使大气中氧气含量减少，二氧化碳增加，导致气候越发异常。

2011年伊始，韩国将遭遇暴雨袭击，雨季延长；欧洲也将出现冻灾天气，农作物损失巨大，粮食危机越发严重。此外，洪水区或干旱区的不断增加将使粮食危机达到高潮。同时，石油枯竭近在眼前，油价持续上升，原材料价格上涨以及由此引发银行利率大幅度上调。结果就是，2011年下半年包括粮价等物价将飙升，平民百姓的生活将更加艰难。

2011年末，地震、海啸、火山喷发等自然灾害将会在全球各地零星出现，人们的危机感也将更加强烈。人类背叛大自然的行为只能重新回到人类的身上。2011年，人们将对这一法则刻骨铭心，难以释怀。

但是，这仅仅是个开头。从2012年开始，欧洲因寒潮和天灾引起的粮食危机将更加严重，2012年末，自然灾害将在全球范围内泛滥，大难必有大疫。最后，经济崩溃，饿殍满地。

勤劳的蜜蜂

◆ 在全球各地蜜蜂正在消失。据韩国土种协会发表的资料，2010年在韩国29334个土种蜜蜂农家的死亡率高达95.13%。如果按2万~3万只为一群蜜蜂的话，53万2434个群中，死亡的群数为50万6509群。这种状况延续下去的话，人类可能吃不到用果实制作的食品。

▶▶▶ 啊 ……太恐怖了！您的意思是，我们人类已经逾越底线了吗？但是，如您所说，污染使地球上的生命不断消失，那么近来频发的地震等自然灾害又是什么原因造成的呢？仅仅说成是偶然的自然现象，其频率和强度似乎越来越大了。

包括我们蜜蜂、人类以及所有的动植物在内的地球，其实是一个生命体。在全球各地发生的自然灾害等灾祸，其实是这一生命体为恢复自身免疫力所做的挣扎，是想活着的证据。

动植物及人类作为地球生命体的一部分，同样也像地球一样，已丧失了大部分的免疫力。当前肆虐整个韩国的口蹄疫以及震惊全世界的"超级细菌（Super bacteria）"，只是随时都可以侵袭已经丧失掉免疫力的动植物和人类的疾患之一而已。它们是对人类发出的强烈警告。

手机，威胁着人类的生存

▶▶▶ 几年前发生在欧美的蜂群崩溃失调病(CCD)[1]，最近在韩国出现，这是否与上面提到的警告有关呢？蜂群崩溃失调病的发病原因是什么？我们该如何应对？

人类对我们蜜蜂的集体死亡争先恐后地报道，然而，真正知道发病原因的却是少之又少。

请看一下我们蜜蜂目前的生存环境吧。人类欲壑难填，以养蜂的名义将我们的食物——蜂蜜一扫而光，却用糖浆或玉米糖浆喂养我们。为了多产蜜，他们还经常用卡车长途颠簸把我们拉到花多的地方，如此一来，我们很难适应新环境。我们还常常要吸取杀虫剂或抗生剂，这对我们来说是痛苦的延续。再加上环境污染不断加重，本来免疫力就不强的我们，已经到了灭种的边缘。

工作地点的随意变换，给我们造成了很大的压力，

---

① 外出采集花粉的工蜂大量消失，出现不回蜂巢的现象。

食用糖浆或转基因玉米糖浆又使得我们营养失调，杀虫剂或抗生剂的大量使用，病毒泛滥，气候异常……所有的这一切让解毒能力和免疫力不强的我们病痛累累。我们因此会丧失方向感，找不到蜂房，最终死在外面。

但是，造成蜂群崩溃失调病的最大元凶是手机辐射。倒不是说手机的辐射直接对我们蜜蜂产生了影响，而是大量的手机辐射被地球外核吸收，产生了电波干扰现象，扰乱了地球磁场，我们蜜蜂由此而失去了方向感，我们无法回家，必然会命丧黄泉。

▶▶▶ 元凶竟然是手机…… 但是手机已经成为人们的生活必需品，它不仅是联络工具，还具有其他更为便利的功能，对人们的生活帮助极大。就连我都没法想象没有手机的生活。

是的，我知道。然而，手机不就是让人类远离自然的声音，表现出人类的便利主义和利己主义的代表性商品吗？

况且，手机辐射的程度强烈到可以扰乱地球磁场。成人长时间的手机通话，也会造成头疼、疲劳等症状，对青少年的影响就更大了。尤其是少年儿童，本身免疫力低下，但适应能力和吸收能力却极强，同样，对手机辐射的吸收也会极为强烈。青少年儿童使用手机绝对得不偿失，何必使用呢？人们只对自己能看到的部分关心，却不知道，还有看不到的部分，这可能就是人类的要害吧。

▶▶▶ 手机辐射的危害比想象的还要严重啊！可是，大多数人在生活中已经离不开手机了，根本就不可能"戒掉"手机。而且，手机新产品的研发也是一日千里。您觉得怎样解决这一问题呢？

　　最为有效的方法是减少手机使用。手机是人类文明的利器，短期内无法废弃，但即使如此，也应尽量减少手机的使用时间，只在必要的时候使用。使用手机与朋友聊天来打发时间的行为，不管是对自然还是对自身，都是极为有害的，这一点，人类必须谨记。

　　自然是有限的，人类必须顺应自然，利用好自然。人类对自然的强取豪夺以及文明的利器，很快就会引起自然的暴怒。养蜂也该按照自然的方式进行，人类应尽最大努力为我们蜜蜂营造自然良好的生存环境。

▶▶▶ 我原以为手机只会让人类生活更加方便，没想到，全球范围内手机的使用会产生如此多的辐射，以至于改变地球磁场。以后不到万不得已，就不该使用手机了。

◆ 2006年秋季，美国发生了蜂群崩溃失调病(CCD)现象，之后CCD现象不断增加。蜂房的数量已经从第二次世界大战时的600万个下降到现在的200万个，并有继续下降的趋势。关于蜜蜂的死亡原因，人们议论纷纷，莫衷一是，有人认为疑凶是大蜂螨（Varroa destructor）或蜜蜂以色列急性麻痹病毒（IAPV），但至今尚未有人给出两者之间存在关联的确切证据。

一个人伟大的"渺小实践"

▶▶▶ 随着全球变暖的极速加剧，据预测，将会有更多的动植物死亡甚至灭绝。就像前面说的，地球已经是危如累卵，但仍有人认为"反正地球灾难不会发生在我身上"、"我一个人改变生活习惯，根本起不到一点作用"。您对这样的人有什么话要说吗？

正如我前面所说，地球现在已经是危如累卵。人类的时间不多了，虽然有人持有上面这种怀疑论观点，但是，每个人却都有将危机转为机遇的力量。

可以说，支配宇宙的力量是意识。虽然个人生活习惯的改变并不会改善整个地球，但是，只要我们怀有不祸害地球的意识，就能对地球的变化产生巨大影响。想必你们听说过"第一百只猴子"的故事吧，猴子原来吃红薯的时候是不洗的，然而，一旦有猴子开始食用洗过的红薯时，其他的猴子也就争相效仿，等到第一百只猴子也食用洗过的红薯时，猴群就会都洗着吃红薯了。

◆ "第一百只猴子"的效果：观察栖息在日本九州地区猴群的饮食习惯时发现的现象。一只猴子食用洗过的红薯后，其他猴子就会效仿，当第一百只猴子也这样吃的时候，整个岛上以及岛外其他地方的猴子也接受这一方法。这是在介绍临界值理论时经常用到的例子。

改变地球正是从改变自我开始的。从自我开始，为了不打扰大自然，从简单的开始做起。比如减少家电产品的使用，手机使用实现最小化，最大限度减少垃圾量，节约用水。只要个人拥有保护自然的意识和切实的行动，周围就会逐渐出现新的变化。推而广之，只要每个人不懈努力，达到"第一百个猴子"故事中的临界值，那种意识的力量就一定能够改变地球村的整体面貌。当前是网络时代，会更加速这一意识的传播。希望人类知道，改变地球的原动力，正是源自人类个人心态和习惯的改变。

为拯救地球，蜜蜂传达出的信息

不破坏自然

今天，用手机通话的时间当中，有多少是真正有用的呢？家庭产生的生活垃圾有多少呢？因此所造成的危害将完整无缺地传给地球家族。地球作为共同的命运体，她遭受的痛苦很快就会转嫁到人类身上。需要多少，就使用多少，这一生活智慧便是保护地球及地球家族所做的"渺小实践"。

2

北极熊所说的
地球洪灾

· · · · · · · · · · ·

因北极的眼泪全球各地面临着被海水淹没的危险。
痛苦万分地望着不断融化的冰川的北极熊。
它们眼中的地球现在是怎样的状态呢?

某一天，我在看电视的时候，被映入眼帘的景象所触动，于是便产生与北极熊先生对话的想法。画面中的北极熊站在即将融化的冰块儿上面，举目四望，找不到新的立足之地，无助彷徨。我向北极熊发出对话请求后，立刻感觉眼前一亮，可能一切存在原本都是明亮、清澈、温暖的吧。

北极难民——北极熊

▶▶▶ 能与您对话，我感到非常高兴。我曾经看过一部名为《北极之泪》的纪录片，当我看到影片里母熊与小熊戏耍玩闹时，感到动物与人一样，都有超越本能的感情交流。动物也都有感情吧？

　　您的这个问题真奇怪，那些认为生命体没有感情的想法更奇怪。我们也有感情。进化程度不同，物种感情的丰富性可能就会不同。人类是地球物种中最为进化的动物，所以你们的感情也最为复杂多样。

▶▶▶ 《北极之泪》中，我印象极为深刻的是，猎人打猎不仅仅是为了自身的生存，也为了自己的猎狗，吃饭时总是让猎狗先吃。

不错，确实如此。猎人们在大自然中生活，把动物、大自然视为自己的家人，这便是命运共同体。没有猎狗就无法打猎，从而就维持不了生计。虽说猎人与猎狗之间互有需要，但如果缺少信任和爱，就很难维系这种亲密的关系。

▶▶▶ 我从大众媒体的报道中得知，北极冰川与过去相比，已经大量减少了。很遗憾的是，我所在的地方与北极相去万里，实事求是地讲，我并不清楚北极的真实情况。我想了解您的现状，最艰难的事情是什么？

我们以前有自己的觅食途径，但这一途径已经在不知不觉中消失了。冰盖大量融化，在冰上不断移动时，我们很可能落入水中窒息而亡，也有很多被活活饿死。有的北极熊饥饿难耐，跑入人类的领地捡食物垃圾而被杀死，甚至会同族相残，捕食幼熊。为了活命……饥饿难耐呀。现在的北极，惨不忍睹！

▶▶▶ 我听说北极熊都是独来独往的，您是怎么知道其他北极熊的悲剧的呢？

　　我们有共享信息的能力，其实所有的生命体都具有这一能力。同族的经历和信息能够共享。我们对同族艰难困苦的处境痛心疾首，对同族的困境束手无策的残酷现实更让我们心如刀绞。人类把我们折磨得痛不欲生，我们连最基本的生活都无法维持了。

▶▶▶ 北极温度持续上升，人类本应采取对策阻止全球变暖，然而，有些人却试图在北极开辟航线，争夺北极资源。

　　我们不得不惊叹人类的欲壑难填，更惊叹人类只顾追逐眼前利益的思维方式。追究缘由就不难发现，其原因就在于人类把地球当成了自己的财产，认为总是可以按照自己喜欢的方式随意改变地球。因此，为了人类自己的安逸而对地球肆意破坏。人类的北极开发计划如出一辙。地球现在已是伤痕累累，由此导致的破坏回到人类身上也是显而易见的事实。然而，人类还是不知反省地追求钱财和安逸，真让我们百思不得其解。可能是由于无知和愚昧吧，有时候也表现为人类故意忽视事实真相。

北极熊：明天的家在哪里？

　　◆ 北极熊觅食及繁殖等大部分活动都是在冰盖上进行的，它们每年平均要捕食45头海豹才能维持生存。然而，全球变暖，北极冰川消融，使得海豹不能爬上冰盖，大量北极熊觅食不到海豹而饿死，甚至有的幼熊因母熊奶水不足而夭折。

正在被水淹没的地球

▶▶▶ 虽然有这种原因，但恐怕还因为人类根本就不清楚现实情况。您认为现在生存的危机已经到了什么程度了呢？

举个例子吧，试想现在人类被关在了一个水桶之中，人类和水占据了90%的空间，而且关上了桶盖，外界空气无法进入桶内。您觉得会怎样呢？人类只能呼吸水桶里面占据10%空间的空气，一旦被用完，再也没有新鲜空气流入。地球当前的状态就是如此。

令我们痛惜的是，人类对事态的严重性一无所知。更让我们痛心的是，人类即便意识到了危机的存在，也依然漠不关心。"反正我死之前，危机不会发生在我身上"反映出来的麻木和无动于衷便是人类当前状态的真实写照。的确，你活着的时候可能遇不到危机，但是你怎么知道不会发生在你的子孙后代身上呢？

▶▶▶ 北极其他动物如北极海豹、鱼、鸟也都感到这一威胁了吗?

　　它们与我们北极熊一样,都感到恐惧和害怕。但我们都在为未来做积极的准备,人类不改变现状,危机肯定会加速恶化。

▶▶▶ 那北极的动物们都是怎么准备未来的呢?

　　人类不图改变,我们只能坦然面对未来,这就是我们的命运。但是,你们人类必须知道,将来冰川消融,最大的受害者是你们自己。

解铃还需系铃人

▶▶▶ 图瓦卢、马尔代夫、基里巴斯共和国等岛国在本世纪很可能会消失,此外,临海城市、临海国家将来也会受到气候变化的威胁吧?

将来什么事都有可能发生。以后地球任何一个地方都不可能逃脱掉天灾地变的大灾难。如果人类不知改进，继续这样下去，有些地方被水淹没的速度将逐渐加快，而有的地方将会受到千年极旱的重创。现在危机一触即发，只有人类不知道。你们人类有句话叫做"解铃还需系铃人"，能改变现状的，只有人类自己。所以我们才处心积虑地将这一信息告诉给你们。

▶▶▶ 我们人类也认识到了问题的严重性，也正积极努力拍摄相关的影视作品并以此来警示世人。几年前拍摄的北极纪录片引发了人们的观看热潮，翌年一部关于北极的电影问世。很多人为之感动，并开始重新思考环境问题的严重性。然而，不少人只是当时被这些影像感动，过后便不闻不问。有人甚至怀疑认识上的转变是否能对地球环境的变化产生作用。

　　我来告诉你地球神秘的一个理由。地球是一个巨大的生命体，与万物相连，就像人的身体一样互有联系。地球一端的居民每节约一杯水，另一端的居民就会享用到这杯水的好处。如您所说，只凭一时的感动和警醒毫无用处，最重要的是要将感动和警醒转换为实际行动，即便这种行动是微不足道的。

▶▶▶ 小小的实践，真的很重要。

北极熊所说的真正意义上的人生

▶▶▶ 有人认为，现代人最迫切的不是替代性能源的开发，而是减少要比别人生活得更加富足舒适的欲望。人生若要变得更加健康朴素，您有什么好的建议吗？

　　首先，要有一颗感恩的心。感恩是人类从大自然中学到的最高价值，它是牢骚满腹的人绝对体会不到的生命能量。每件事都要用感恩的态度去面对，感恩很难做到吗？请看一下我们北极熊吧，我们的家园每天都在消失，几乎每天都是食不果腹的，而且我们的朋友和家人都在悲惨地死去。而你们人类呢？却拥有那么多，你们还有什么借口不去感恩呢？

　　其次，简单。人类拥有的太多，活得太复杂，不够简单。并且为了满足追求安逸富足的欲望而无视其他生物的存在，甚至肆无忌惮地破坏地球。

生态恶化导致冰川崩裂

◆ 2010年8月位于格陵兰岛最北部的彼得曼冰川发生崩裂，新生的冰川表面积为260平方千米，高200米，相当于彼得曼冰川的1/4。这次冰川崩裂的规模为48年来最大，相当于首尔市面积的40%。

我们对人类满怀期待，你们是地球的保护者。我们虽然在努力适应人类提供的生活环境，但仍有可能因为无法适应而消失。万物为进化而生，所以我们不想自己有这样的下场。因此我们奉劝人类活得简单一点。

　　回忆一下人类过去与大自然和谐相处的生活吧，大自然给予人类太多的惠泽与呵护。然而，大自然现在却威胁着人类，这一切都是人类咎由自取的。

　　再次，改变一下只求舒适的心态，将步行生活化。这样人类身心将更加健康，还能节约能源，为遏制全球变暖添砖加瓦，贡献一份力量。

　　不知从何时起，人类世界刮起了轻视体力劳动而重视脑力劳动的强风。请你们重新体验一下体力劳动后毛巾擦汗的幸福感吧，你们的人生将会出现惊人的变化。

为拯救地球，北极熊传达出的信息

1.用感恩的能量充实自己

感恩具有将不如意的人生现状变为幸福生活的魔力。人类的阅历越丰富，就会越成熟，所以带着感恩的心去看待每一件事情是至关重要的。感恩产生的高纯度生命能量会让人意识到自己是多么的富足！

2. 简单的生活

随着物质文明的发展和生活样式的丰富多彩，人类的生活更加轻松方便。但是，追求安逸的欲望让人类的身心逐渐退化。所以，请改变思想，简单一点生活。其实生存所需的东西并不是很多，简单人生是最亲近大自然的人生。

3. 将步行生活化

步行具有增进身心健康的效果。走路时要抛除一切杂念，只集中于走路本身，并试着与大自然交互感应吧。将走路生活化以后，身体会更加健康，空气也将更加清新。我为地球着想，地球也将赠与我健康。

3

亚马逊言说
蕴藏着的**地球生命能量**

· · · · · · · · · · · ·

亚马逊雨林本身就是让人叹为观止的生命体。
亚马逊雨林是地球的乐园，自然的宝库，
如今却燃起了熊熊大火，乐园变成了绿色地狱。
人类烧断了自己的生命线，
对此，亚马逊雨林是怎样看待的呢？

某一天，我观看了有关亚马逊雨林的影像资料，也阅读了相关报道，对亚马逊雨林地区遭受的破坏及人类对雨林肆无忌惮地砍伐等情况有了一个大致的了解。据报道，被称为地球生命线的亚马逊雨林，每十秒钟就消失掉一个足球场般大小的面积。我的脑海里萦绕着亚马逊雨林，一种怜悯之感油然而生。于是，我向亚马逊发出了对话的请求。

对人类的哭诉

▶▶▶ 请问您是亚马逊的代表吗？我感觉到了一种悲伤。

  亚马逊是地球的生命基地，这里是生命得到循环、保护，并且有着完美食物链的特殊区域。人们只是看不到罢了，具有如此作用的地方都有管辖的代表，我就是管辖这一地区的代表之一，今天与您对话的也是我。

▶▶▶ 您是怎么看待亚马逊热带雨林被破坏这一事实的？

  亚马逊雨林中所有的生命体都是与我共生的，是我身体的构成部分。目睹它们遭受的痛苦，听到它们悲惨地呐喊，我除了为它们哭泣，毫无办法。我早就预感到人类自私的本性和工业社会的发达必将转化为物质至上主义的风行，所以热带雨林被砍伐、破坏只是时间上的问题，是迟早要来临的。

▶▶▶ 您是说，您已经知道地球的发展进程了吗？

　　您知道人的本质吧？善恶各占一半。身体里神性和兽性并存的就是人类。工业社会的加速发展与人类的利己之心相结合，就会使物质万能主义加速传播，从而形成破坏环境的"浊流"，这一"浊流"风行时，我就已经感知到了。人类的自私自利使得人类对其他物种的控制多于施与，支配多于共存，压迫多于爱护，这种"人类优越主义"一直充斥着人类的历史。

　　地球被飞速蚕食，被称为大自然宝库的亚马逊必然会成为人类垂涎三尺的美食。我虽然很早就预感到这一危机，但人类的自由意志选择了"恶"，没有谁能制止这个决定。

▶▶▶ "恶"是什么意思？

"恶"没有别的意思，人类为了自己而使其他生命体沦为消耗品的行为就是"恶"。然而，其代价就是谁都逃不掉宇宙规律的"授受作用"，因"授受作用"人类也将付出代价。亚马逊的眼泪，其实是对人类愚蠢行动的怜悯之泪。

▶▶▶ 大多数人很难亲自去亚马逊亲眼目睹其惨状，请问亚马逊能恢复到本来的面目吗？

已经无可挽回了，飞箭已经转向了人类。无可奈何地在痛苦中死去的树木，在山火中死亡的植物，生态界中面临绝种的生物，成为人类餐桌上美食的可爱的动物们，最为善良的土著居民及其家人们，屠宰场里面呆呆地望着人类的善良的牛儿们……

人类能想象到它们所受的痛苦吗？请你们从现在开始抚慰它们的伤痛，分享他们的痛苦吧。当你们沉浸于便利的生活，只为你们人类着想，只知道追求自己利益时，请想一想那些为此而无辜死去的数以万计的生命吧。它们也是有着体温的生命体。

　　自然界赋予人类超群的智力和出类拔萃的能力是为了令你们呵护地球家人，而不是凌驾于万物之上，滥用手中的权力。你们人类应对它们感到深深的愧疚，必须去爱护尚未灭亡的可怜的地球家人。

　　如果人类稍微的朴素一点，稍微地共享一下自己的东西，懂得生命的宝贵，拥有博爱的心地，那你们在当初就能阻止现在面临的这场危机。

▶▶▶ 我真的深表歉意，看来不管我们采取怎样的补救措施，都无法抚慰受伤的地球了。

亚马逊是地球之肺？被隐藏的亚马逊之谜

▶▶▶ 总感觉亚马逊还隐藏着一些秘密，它比人类已经了解到的还要多，浩如烟海。

　　人类只知道亚马逊是地球之肺，却不知道亚马逊还有更为重要的作用。

▶▶▶ 亚马逊还有人类不知道的重要功能？那到底是什么呢？

那就是"子宫"，是地球的子宫。

▶▶▶ 地球的子宫？郁郁葱葱的热带雨林如此之大，我们自然只会想到肺器官的功能，您说它是地球的子宫，我不大明白。

人类主要靠双眼能看到的东西来做判断，所以您不理解是完全有可能的。亚马逊是孕育生命的地方，是生命的宝库。

孕育生命、诞生生命、培育生命，正是亚马逊的重要功能，因此，她应该作为地球的圣地之一被保存守护。地球生态界中一半以上都是依赖亚马逊的保护而进行呼吸并存活的。

林木被砍伐，绿色在减少

◆ 现在全球大约1%的人口每天食用的代表性快餐——汉堡包里也隐藏着令人难受的事实，制作汉堡包所需的牛肉，大多数来自热带雨林地区的牧场，而这些牧场是在破坏了热带雨林后才建立起来的。20世纪70年代中期开始，中美洲多于2/3的农地已经成为家畜产品的生产基地。

人类子宫的作用就是孕育新生命，诞生新生命。女性的子宫一旦出现病变，就会无法生育，遭到人类破坏的亚马逊现在已经成为无法孕育新生命、无法保护生态界的"病变子宫"了。

亚马逊已经处于崩溃前的状态了，地球由此遭受的重创和悲痛已经难以一一说明。你们人类能理解连地球未来的生命体也被残害、失去生命的悲痛吗？

▶▶▶ （不知何故，我全身感到一阵阵痉挛，痛苦蔓延开来。）您说亚马逊是地球的子宫，那么地球的其他地方都具有各自的功能吗？

当然了。例如，地球是与人体完全相同的生命体，覆盖地球四分之三面积的水相当于地球的血液，大海负责制造地球百分之八十的氧气；地球上的冰川与赤道共同维持着地球的温度；地球大气层则负责地球的免疫力；发挥着人类五脏六腑作用的则是各个大陆之气。地球真正的肺器官在深海，然而由于极为严重的污染，深海中的地球之肺也变得气喘吁吁。

◆ 亚马逊河流域面积达700万平方公里的热带雨林，释放出了全球百分之二十的氧气，是当之无愧的大自然的宝库。然而三十多年来毁在人类过度私欲中的雨林面积达五分之一，照这样的破坏速度，用不了多久亚马逊就会在地球版图上消失得无影无踪。神秘圣地亚马逊，如今释放出的二氧化碳等碳气远远多于氧气，变成了"燃烧的地狱"。

人类拥有的"金钥匙"

▶▶▶ 最近频发的地震、海啸、火山爆发等灾害不是单纯的地壳活动引起的，而是好像有其他原因。

是的。如同我们得了感冒就会咳嗽、发烧、四肢酸痛是一样的道理，火山爆发、海啸、地壳变动、气候异常等的日益频繁就是为了告诉人类，地球生命已经亮起了红灯。然而，这种自我净化作用如今也已经超越底线，失去平衡，无法控制了，这在全球各地都已经表现了出来。如今地球上已经没有健康的地方了，各地区都在勉强支撑，这绝非言过其实。

▶▶▶ 这么看来，整个地球跟人类一样，都是一个完整的生命体，就像盖亚假说①里面阐述的一样。

支持盖亚假说的学者们认为，地球与人类同为生命体，两者相互联系，所以人类对地球的所作所为实际上就是对自己的所作所为，会造成相同的结果。

▶▶▶ 近年来，亚马逊的热带雨林被破坏，人类社会与热带雨林之间的界线也随之坍塌，吸血蝙蝠在城市里面接二连三地出现，很多野生动物身上出现的疾病也开始传染给人类，损失惨重，这又是什么原因呢？

地球上的事情，无风不起浪，事出必有因。以前敬畏上天和大自然的民族由于对大自然和上天的恐惧，在做某件事情之前，都要举行祭祀活动，以取得上天的允许，遵从上天的旨意行事。但是随着物质文明的发展和

①　注：盖亚假说——该理论将地球看成是由自然环境与生物组成的一个有机体，地球是能进行自我调整的生命体。

无神论的不断抬头，人类逐渐忽视掉了灵性领域，只知道乐此不疲地追逐眼前的利益。

当代很多原因不明的疾病，无法治愈的癌症及传染病都是对人类此种行为发出的警告，我们亚马逊也向人类发出了警告信息。容不得半点差池的生命秘密，是靠人类的智慧绝对无法发现的创造领域。对生命秘密的残酷侵犯和敲诈勒索，必然会自食其果。世界上根本就不存在偶然。

如果某地对大自然造成了破坏，其造成的恶劣影响便是在另外一个地方发生原因不明的灾难。如果其灾害超出了临界值，那么就会像核炸弹一样瞬间扩散至全球各地。

▶▶▶ 核炸弹？

没错。整个地球现在就如同双手捧着核炸弹，人类绝对不能高枕无忧。这种状态也持续不了几年了，受地球两端重量相互拉紧的作用，地球重力将会增大，因此地球一端受灾，另一端也将遭遇类似的灾害。

▶▶▶ 那么人类现在该做些什么？或者可以做些什么呢？

　　人类应好好体会一下包含着对人类的爱的动植物传递出的警告信息。留给你们的时间不多了，也就是说我们相互之间对视、互爱的时间不多了。人类的爱、对当前面临问题的觉醒以及之后的积极作为才是拯救一切生命体的方法，我就想告诉你们这一点。掌握解决目前危机"金钥匙"的主角还是人类，这把金钥匙决定着人类的命运。

▶▶▶ 但是污染加重、开发过度的原因当中首推人口密度过大，地球已经饱和了。在这种情况下要保护自然，对我们而言是一个难题。人类为了生存而进行的开发与保护自然环境两者能够兼得吗？

　　人类为生存而进行的开发本身并没有什么问题，问题在于人类在开发的同时，完全没有考虑如何保护自然，这种单方面的行为使得破坏生态界的现象比比皆是，对人类造成了致命性的打击。为上流社会建筑的豪华住宅和高尔夫球场、休闲享乐用的各种娱乐设施的建设、追求不当利益的违法伐木和土地开垦、黄金万能主义引发的采金热潮、资源的盲目开发与滥用、比活人占有更多空间的坟墓……

　　人类如果能将自己生存所需的空间装点得朴素一些，那么即便地球上人口密度过大也不会出现如此过度的开发。有人认为，人类生存必需的空间面积为8.25平方米。将生活必需的资源与他人分享，那您的人生将比现在更加幸福美满，更加爱意浓浓。目前的不均衡很严重。在某种意义上来说，保护自然环境就是人类在大自然面前为了生存而做的自我防御。大自然被破坏、生态界不可复原以及由此造成生命体的消失和地球上的各种自然灾害……我们一直都坚守着自己的职责，顺从预定的安排，但是我们痛心这一切影响返回到人类身上，因为人类是极为珍贵的存在……

为拯救地球，亚马逊传递出的信息

与大自然和谐共存

　　人类生存必须的空间面积为8.25平方米，并不需要太多的空间。人类应生活在小房间里，与自然亲近友好。保护环境不是为了大自然而是为了人类自己，这是因为没有了大自然的恩泽，人类一天都无法存活。

4

蛇预报的
地震、火山爆发危机

....

地震、海啸、火山喷发前，
很多动物的行为古怪异常。
动物们真能比人类预先知道自然灾害的来临吗？
它们现在目睹的地下状况，是怎样的呢？

网上已经有报道长白山数千条蛇集体出现的新闻，有人认为这是长白山火山喷发的前兆，然而火山喷发并没有出现，这则报道也就逐渐被人们淡忘。我试着请求与蛇先生的对话。一想到蛇，我就想起了"恐惧"这个词，可能是因为许多人对蛇既害怕又厌恶。当我感知到了不招人喜欢的蛇的内心世界时，心里变得很烦闷。

退化了的人类第六感

▶▶▶ 蛇先生，我请求与您对话。坦白地说，我不怎么喜欢蛇，很多人都有同感。

　　很多人讨厌我们，怕见到我们，这一点我们很清楚。但仅仅因为外貌丑陋就被别人厌恶，我们也很伤心。

▶▶▶ 只看到您的样貌就产生厌恶之情，对此我很抱歉。可是蛇类为什么具有爬行移动的身体呢？听说你们当初也有腿的。

起初我们也有腿，只是如人类知道的那样，随着时间的流逝慢慢退化了。之所以不使用腿走路，缘于我们蛇类追求舒适和亲近大地的欲望。你们人类说我们是与大地最亲密的动物，我们也的确是对大地的状态最为清楚的动物之一，所以有我们出现的地方，就说明土地状态很健康。

▶▶▶ 对于最近发生的几件事，我想跟您请教一下。不久前在中国有大量的蛇集体出现在地面，人们议论纷纷，以前大地震发生之前也出现过这种现象。有人认为动物有这种预知灾害的能力，也有人因为没有得到科学证实，所以否认动物的这一能力。请问蛇真有这种预知灾害的能力吗？

对人类的无知，我们只能着急惋惜。在自然灾害面前，人类知道什么呢？你们对动物们预测地震而集体出现的行为除了感到好奇以外，难道还有别的吗？你们依靠科学的力量的确能预测台风，但也不是百分之百准确。

我们蛇、蚯蚓或蟾蜍等在地里生活的动物对地下出现的变化或症候非常敏感，我们不断地在感知、收集、共享此类信息。所以一旦发觉地震或火山喷发的症候，我们马上就能判断出灾害的发生。

◆ 近期，中国长白山地区的蛇、蚯蚓等动物的集体死亡，引发了当地居民的不安。2010年10月与长白山接壤的吉林省白山市和营城子镇之间的公路上出现了几千条蛇，附近居民担心这是预知长白山火山喷发的动物的异常行为。

▶▶▶ 你们既然能够预先感知到灾难的发生，为什么有时还要集体死亡呢？

    因为我们蛇类只能被动地反映地球环境状况。我们想采取某种方式告诉人类危险来临的意愿以及恶劣环境中无法生存的现实，让我们选择集体自杀。

▶▶▶ 动物们都能预知的自然现象，为什么我们人类就无法预知呢？ 如果能做到这一点，就能减少大量的人员伤亡。

    地球万物都能交互感应，这跟现在我跟您的交互感应没有什么区别。地球所有的生命体都具有这一能力，这是很自然的。

这一现象的基本原理就在于地球是一个完整的生命体的事实。就像身体某个地方发痒很自然地就会用手挠痒一样，生命体自然而然地就能意识到发生的变化以及预测到将要发生的状况。我们称之为波长，包括大自然在内的地球万物都各自使用波长这一形态传递信息，互相交流，并通过波长来感知将要发生的事情。

说出来可能难以置信，以前人类更能感知到上天的旨意，但是现在却不行了。人类对物质的贪欲越发严重，只看重眼前的利益，于是人类感知上天的能力退化了。有能力但不去使用，能力必然会退化，就像我们蛇类已经消失掉的腿一样。

▶▶▶ 听您这么一说，我突然感到人类在大自然面前的一无所知。有什么办法能让人类重新恢复这种能力呢？

人类想恢复这一能力，就要丢弃人类目前享有的、认为最为重要的"享受物质、物质至上"的欲望与思想，重视精神文明，发挥作为地球一分子而保护地球的作用，履行自己的职责，改变当前的生活方式。你们能做到吗？

如果人类能改过自新，像过去一样与大自然和谐共存，自然就会倾听大自然的呼唤，也就会重新获得感知天意的能力。

蛇所说的地震、火山喷发的危害

▶▶▶ 地球上发生地震等自然灾害的原因是什么？

　　大自然之所以会表露出人类无法预测的一面，与人类物质文明造成的环境污染有着密切的关系。地球是一个命运共同体，地球上所有的物质都进行着循环运动。人类对地球的盲目开发正在对整个地球造成恶劣的影响，海洋和大地如果超过了自我控制与自我净化能力的界限，地球就会对此产生自净作用并且以大型自然灾害的形式表现出来，总之这是大地净化被污染了的身体以便舒畅呼吸的现象，因为地球也是进行皮肤呼吸和肺呼吸的生命体嘛。

▶▶▶ 火山喷发由于对人类造成的危害巨大，所以近来作为一个非常敏感的问题浮出水面。实际情况是，有人认为长白山几年后会出现火山喷发，但也有专家持否定观点。您觉得地下火山喷发的危害有多大呢？

无形的世界其实比有形的世界危险得多。人类肉眼观测不到的地下或海底形势比人类目睹到的地面上的环境形势要严峻得多，其形势之严峻，你们都难以想象。地球内部净化作用遭遇到困难时，在地面上就会非常强烈得表露出来。

现在的地球环境刺激着地下所有的生命体，恶劣的生活环境使它们的生存日渐困难。如此一来，地下就很难保持太平状态，混乱很快就会冲破地表。现在地球危机真的是一触即发。

▶▶▶ 地震、海啸、火山爆发的预测难度很大，人类也无法阻止它们的发生，束手无策的人类只能眼睁睁看着这些恐怖灾难发生。我想知道动物们预想中的地球的状况会是什么样子的呢？

瞬息的灾难后，家园被毁

◆ 据统计，2010年全球各种灾害造成的死亡人数将近26万，其中造成死伤者最多的是1月份发生的地震，使多达22万人丧生。2月份智利发生的8.8级大地震以及由此引发的海啸使500多人丧生；4月份中国青海省发生7.1级大地震，死亡2000多人。除地震外，2010年4月冰岛火山喷发喷出的火山灰遍布上空，覆盖了整个欧洲，德国、英国等欧洲主要国家航班停飞，对旅游、物流等产生了严重影响。现在冰岛再次出现火山喷发的先兆。

据预测，以后地震、火山喷发在各大陆上都会零星发生，灾难降临的日期及其到来的速度之快超乎人们的想象。

人类当前生活方式及思维方式的变化程度，决定着灾难日期延长、破坏程度减少的程度。因为这种难以预测的自然灾害其实就是地球进行自我净化即自净作用所造成的。

▶▶▶ 看来我们人类最要紧的就是努力改变现状了。能否告诉我们减少自然灾害发生或减慢其发生速度的实践方案？

马上停止开发建设。人类如同手持手术刀的大夫，对自己的病人——地球胡乱动刀，毫不顾忌，这便是人类当前开发的现状。同时发达国家应停止将本国废弃物运往其他国家的自私行为。

认识到这一点，再加上每个人微小的实践就能使地球污染最小化。如果每个人都能参与进来，地球就能从以前的污染状态摆脱出来，完成净化。

最重要的还是怀着一颗施爱的心去看待地球、对待地球。

有了这样的觉悟以后，人类还需要实际行动。表

面上看人类是在保护自然，但实际上却是自然在保护
人类自己。

▶▶▶ 谢谢您的对话。

为拯救地球，蛇传递出的信息

怀着一颗施爱的心去看待自然

　　对待地球，应像对待深爱着的恋人和儿女一样，如
此一来自然就会保护人类。怀着一颗施爱的心去对待自
然，就能减少自然灾害的发生或延缓灾害出现的速度。

鲸传递出的
地球危机信号

· · · · · · · · · · ·

几百只鲸集体搁浅在海滩自杀的现象
在世界各地都有出现。
鲸群为何只能选择集体自杀?
它们到底想对人类说些什么?

不久前，澳大利亚海滨鲸群集体自杀的事件见诸报端，虽然鲸群集体自杀的原因仍然谜团重重，但据称，随着人类对海洋的占领，鲸群集体自杀事件就不断增加。我想听一听鲸鱼们的故事，所以试着请求与鲸先生对话。通过冥想感受了一下鲸鱼的想法后，我心里非常烦闷与愤怒。

鲸离海的原因

▶▶▶ 您好，鲸鱼先生。近来发生了鲸群在海滩集体搁浅死亡的事情。一部分人认为鲸群是集体自杀，为什么会发生这样的事情呢？

我其实很盼望着与您的对话。鲸群集体自杀真是让我们痛心疾首的事情。现在海里的环境极为糟糕，里面充满了垃圾、噪音，难以生存。尤其是海里的噪音对我们鲸的神经造成了致命的伤害，它是造成我们丧失方向感与捕食传感器失灵的主犯。现在人类使用的手机，天上飞的飞机，船、潜水艇等产生的噪音以及人类的噪音让我们快要发疯了。噪音造成了鱼类和海洋生物的减少，很多海域已经变成了"死海"。我们鲸鱼即使想存活也活不下去了。

噪音对集体死亡的鲸鱼造成了严重的精神痛苦。鲸鱼如今捕不到食物，撑不了多久就会饿死已经是司空见惯的事情了，与其过食不果腹、等待死亡的生活，还不如一死了之，所以才会有鲸群集体自杀。

▶▶▶ 那么，最近在澳大利亚南部出现的鲸群集体搁浅死亡事件，也是同样的原因吗？

它们清楚地知道海洋污染造成了生存环境的恶化，它们也活不成了，于是对未来感到绝望，最终选择集体自杀。一想到它们，我就会感到痛心。即便如此，我们仍然坚持要把地球危机的信息传递给人类，人类起初对我们集体自杀的消息非常关注，但很快就会遗忘得一干二净，将注意力转移回日常事务当中。此外，还有很多动物以集体死亡的方式来告诉人类这些信息。

▶▶▶ 鲸鱼眼中未来地球上的海洋是什么样子的呢？

现在地球已经被严重污染，大自然自身会开始巨大

集体死亡的鲸群

◆ 世界各地都有鲸群集体死亡的事件发生。2010年11月英国小报《每日邮报》公布了散落在爱尔兰尼戈尔郡（County Donegal）沿岸的33只死鲸的照片。环境学家正在调查鲸群的死因。不久前在南由伊斯特（South Unist）的内赫布里底群岛上又有三四十只鲸鱼死亡。

的净化运动，这种运动会以地震、海啸或火山爆发等自然灾害的形式表现出来。虽然这让许多动植物以及人类面临着极大的危险，但海洋却能脱胎换骨，变得清澈，平静如初。

▶▶▶ 虽然人类口口声声地说鲸鱼濒临灭亡，但鲸鱼如果真的从海洋中消失，那大海会受到怎样的影响呢？

鲸鱼一旦绝种，生态界就会遭到威胁巨大的连锁打击。全球变暖、大量海洋生物被扰乱、自然灾害、地震、海啸、海底火山喷发……海里面的所有生物都将绝迹。

鲸鱼一旦绝迹，作为鲸鱼食物的浮游植物和浮游动物数量就会迅速增长，即使有其他鱼种捕食这些浮游生物，也无法阻挡其快速腐败。最终生态界被扰乱，海洋腐烂，地球本身的净化作用也将无法进行。浮游生物的减少将使气候发生变化。植物无法进行光合作用，全球变暖速度加快，极为严重的自然灾害将层出不穷。现在鲸鱼的数量的的确确已经很少了，如果人类继续捕食鲸鱼，不必再提未来的情况多么严重。 这已经不是警告了，而是无法回避的事实。今后污染引起的台风和海啸等灾害的频率会越来越高，并将席卷全球。

▶▶▶ 表面上看大海就像和平鸽一样一直都是相安无事，您为什么会做出这样的预测呢？

表面上看大海可能是平静美丽的，但海里的海洋居民却一直在呐喊，它们迫切希望将这一危机情况告诉给人类。

我跟您说一说海里面的实际情况吧。现在海里很多鱼类被渔民撒下的渔网挂住无法脱身，我们也常常被卡死。人类高兴于捕到了几十万元的鱼，用钱来给我们定价，但是我们也是拥有自由自在的生活权利的地球家人。

不仅如此，人类将开采出的深海石油运往海面时发生的漏油事故也将大大加重海洋污染程度。

现在发达国家的企业在海洋中的肆意妄为，造成了大面积的海洋污染。

▶▶▶ 前不久，我看到了一则海豚被集体虐杀的视频，日本某渔村里发生的这一惨祸造成几百只海豚死亡，海豚血染红了整个海湾。视频中的景象太骇人听闻了，有人甚至认为这不是真的。

不是的，这是千真万确的事实，我们也因此对日本人十分怨恨。鲸或其他哺乳动物与人类似（人不也是哺乳动物吗），都是呼吸空气、母体直接生产的动物，都用母乳喂养。从某种意义上来说我们与人类都是一家人。人类捕食生活在海里的家人，太不像话了吧？

▶▶▶ 他们为什么要虐杀海豚呢？

日本每年捕鲸多达几千吨，然后做成鲸肉出卖。去过日本的人就会看到有人卖食用鲸肉，他们还卖鲸酒，日本人将鲸鱼身上的每个地方都做成食物售卖。虽然日本捕鲸的现状已经是触目惊心，但其他国家只是静观日本人的行为，韩国难道就没有学习日本吗？自己生存的地球被破坏却还认为事不关己！

▶▶▶ 您有什么话想对人类说吗？

就像宇宙的海洋、自然的海洋、丛林之海等表述一样，大海给人的印象就是宽阔广大。大海用宽阔的胸膛拥抱着大自然。从现在起，人类改变自己的习性，力争恢复大自然的原貌，那么未来就可以改变。

当前只要有一个人醒悟倾听我们的声音，并能像磁铁一样吸引他人与之齐心协力的话，就会产生唤醒几百万人的巨大力量。

信任的力量、爱的力量、积极肯定的力量、欢悦的力量、快乐的力量，人类应该以此与我们共渡难关，我们海洋家族都深爱着人类啊！

▶▶▶ 今天谢谢您的对话，期盼着与您再次相见。

（与鲸鱼先生拥抱告别，并向它传递了我的爱意。）

为拯救地球，鲸鱼传递出的信息

人类心怀信任、爱、欢悦、快乐，与地球家人共渡难关

大自然为了拯救被环境污染所折磨的生物不得不开始净化作用，现在生物们正在经历的痛苦总有一天会返还给人类。人类若能依靠信任、爱、欢悦、快乐的力量努力恢复大自然本来的面目，地球的危机就可以改变。

第二部分

人类与动物，
不和谐的同居

孩子们向大人提出的难题

问题1

夜深人静，首尔市某公寓。

李科长正和五岁的女儿坐在客厅里看电视，电视中"口蹄疫风波"引起的对牛、猪活埋的场面没有经过过滤处理就播放了出来，人类将猪赶进覆盖着塑料布的土坑里，群猪做着垂死挣扎，但人类还是一铁锹一铁锹地将它们活埋了。李科长认为场面过于悲惨，于是想更换频道，但女儿却还是目不转睛地盯着电视，带着被吓坏的表情依然沉浸在画面中。

"爸爸，为什么要把活猪埋在土里呢？"

"因为猪得了非常危险的病，有可能会传染给其他的猪呀。"

"那我得病的话是不是也会被活埋呢？我不也是经常得流感吗？"

李科长吃惊地望着女儿。

"是不是嘛？我得了感冒也有可能传染给弟弟和朋友们呀，是不是叔叔们也会像电视里一样把我活埋了呢？"

李科长到底该怎么回答女儿呢？

"你是人，不会活埋你，猪、牛是动物才会被活埋。"这样回答她吗？那又该怎样向女儿说明当前人类对动物们施暴的原因呢？

问题 2

暑假里，李科长带着女儿回到了乡下老家，爷爷奶奶家附近有条小溪，一想到能在里面戏水玩耍，女儿脸上难言兴奋之情。来到乡下吃过午饭，李科长带着女儿在村子里散步，好久没有在大自然中游玩的女儿对一切都充满好奇，观看着村子里的角角落落。突然女儿像受了惊吓一般向李科长跑来，哭着问：

"爸爸，那是什么？"

李科长顺着女儿手指的方向看去，一只狗晃晃悠悠地吊在了柿子树上，李科长一眼就能发现是邻居家的黄狗，女儿小时候一回到乡下就跟这只黄狗玩耍。黄狗还没有咽气，不时地蹬一下腿，狗的旁边站着一个男人，手持木棍做出要打狗的姿势，他马上就要殴打这只狗了。

李科长吓了一跳，赶紧抱着女儿走开了，他怕女儿会看到接下来发生的恐怖一幕。

"爸爸，刚才那不是邻居家的阿黄吗？为什么邻居家的叔叔把它吊在树上呢？"

李科长不知道该怎样跟女儿说明白刚才发生的既恐怖又让人难受的事情。欺骗她，他们是在玩捉迷藏？或者告诉她，狗原本就是养来吃的？

问题 3

逃离了刚才杀狗的地方，李科长打算带女儿去父亲的朋友开的养鸡场去看看。他记得女儿很喜欢动画书里下蛋的母鸡，让她亲眼看一看只能在书里看到的母鸡，肯定会是一次很好的体验。来到养殖场的时候，正赶上父亲的朋友将收集起来的鸡蛋往卡车上搬。

李科长跟这位长辈寒暄了一番，又介绍了一下自己的女儿。他告诉场长自己想让女儿亲眼看看鸡以及鸡下蛋的情景，场长二话没说，很高兴地把他们带进了鸡棚里面，李科长和女儿都是满怀期待。

然而，双脚迈进鸡棚的瞬间，李科长就后悔了。鸡棚里的鸡密密麻麻地挤在监狱般的狭窄空间里咕咕直叫，有几名工作人员在为收蛋而开辟的过道里面忙碌着。虽然为了散热已经打开了风扇，但相对于鸡棚的空间来说，鸡的数量太多，整个鸡棚就像大蒸笼似的，很明显鸡也热得疲惫不堪。李科长正想出去，女儿又提问了："爸爸，为什么把鸡关在监狱里？"

李科长不知该怎样向孩子说明与动画书里截然相反的世界。告诉她鸡犯了罪所以被关在了监狱里？还是告诉她本来现实世界就跟书里面的完全不同？

如果换成是你，你会怎么回答孩子们提出的这些令人难受的问题呢？

★★★★

上面的故事通过天真无邪的孩子们的眼睛探究了人与动物之间的现实状况。我们为什么要对孩子们提出的让人难受的问题好好思考一下呢？这是因为问题的答案里有让您和您的孩子更加幸福的方法，也有让独一无二的地球更加幸福的方法。走笔至此，因为口蹄疫而牺牲的动物数量正逐渐增长，为什么在这片土地上会发生这样痛苦的事情呢？其原因和孩子们提出的让人难受的问题答案将会在第二部分《人类与动物，不和谐的同居》中通过动物们的嘴为您揭晓。

牛猪言说的
疯牛病、口蹄疫和猪流感的真相
·············

家畜传染病使几百万只动物
被人类杀死。
人类失去了辛辛苦苦饲养起来的家畜
动物则失去了宝贵的生命。
有什么办法能改变
家畜传染病发生时反复出现的这一恶性循环呢?

每年因感染口蹄疫死亡的牛、猪的数量在逐渐增长。一旦发生口蹄疫病情，周围所有农户饲养的牛、猪都要全部被灭杀。口蹄疫一日不止，家圈将一日不得安宁。难道口蹄疫真的就没法防止吗？怀揣着这一疑问，我唤来了牛和猪的精灵，并请求与它们对话。我先向猪先生发出对话请求，没多久就感觉到了它对人类怒气冲冲的样子。

口蹄疫，人类所唤醒的传染病毒之事实真相

▶▶▶ 我可以称呼您为"猪先生"吗？

　　叫我猪也行。少数人故意把胖乎乎、傻乎乎或贪婪的人叫"猪"、"贪心猪"等来嘲弄他们，但多数人都认为猪会给自己带来幸运、财福、幸福、万福等。（稍稍帅气地摆动了一下身体）只要您方便，叫我什么都行。

▶▶▶ 最近口蹄疫疫情席卷了整个韩国。饲养家畜的人最怕的就是这类传染病，然而目前人们对口蹄疫的认识好像少之又少。

没错，人们对口蹄疫并没有真正的了解，只是对掩耳盗铃乐此不疲。

人类以为口蹄疫首次出现在十四世纪到十五世纪之间，但事实并非如此。我们猪被人类驯服饲养之前，就已经有口蹄疫的病例了，只是人类对此关心不足，不知道罢了。自然状态下该病的爆发也夺取了我们很多同伴的生命，但病愈的动物们却获得了对口蹄疫病毒的免疫力，逐渐适应了这一疾病，我们由此也变得更加健康壮实。

然而好景不长，我们被人类家养，生活半径也逐渐变小，并逐渐适应了人类提供给我们的饲料，我们被人类驯服了。

在各种抗生剂和环境污染的影响下，我们原本坚强的免疫体质也日渐脆弱。从那时起，口蹄疫等各类传染病就多次造成我们猪群体死亡。

总而言之，我们周期性染病，缘于人为制造的饲养环境和饲料食物，它们引起了我们体质上的急剧弱化，从而使得我们体内的各种致病因子活跃起来，口蹄疫的病因也是如此。

▶▶▶ **难道就没有办法来阻止口蹄疫的持续扩散吗？**

人类无法阻止口蹄疫等动物传染病的发生，虽然可能会有预防的权宜之计，但只是权宜之计，并不能从根本上消除病患。

最为根本的预防办法就是增强动物们的免疫力。所谓增强动物们的免疫力，就是要求人类为动物营造一个最起码的、像模像样的生存环境。人类的生存不也是需要一个良好的生存环境吗？只有保持正确的生活方式才能远离病患的折磨。

动物口蹄疫一旦发生，即使人类费尽心机想根治，也会传染到某种程度之后才会减弱。其实我们在患病过程中可以自然治愈，有可能产生对此种传染病毒的免疫力而变得更加健康，你们人类为什么还要将无辜的生命活生生地埋掉呢？！

祥和快乐的猪一家

◆ 据统计，2010年爆发的口蹄疫传染病仅在韩国庆尚北道安东地区一地就使200万头家畜被埋杀，政府为此向农户支付的赔偿金及疫苗接种费用超过了两兆韩元。埋杀现场，猪的求生本能使他们垂死挣扎、拼命逃出，造成了土坑中塑料布的破裂，猪血浸出地表。现场公务员们及防疫工作人员因这种残忍的方式而在精神上饱受折磨。

▶▶▶ 我也从新闻上看到了动物被杀死的消息，伤心地睡不着觉。我也不知道该说些什么。

这是无法容忍的人类野蛮行径！"杀处分"是什么？ 人类编纂的国语辞典里面"杀"是表达"死亡"的词语，"处分"是"处理事情"的意思，"杀处分"即是处理死亡的意思，然而你们为什么要埋掉活生生的生命体呢？ 我们猪也是生命体呀！我们与人类一样都是诞生到地球上的生命体，人类不能因为比我们强大就做出这种事情来。我们也有可能进化为人，人类也有可能轮回投胎为动物，请你们铭记这一点。

如果人类真是到了情非得已的地步非杀我们不可，我们也可以理解。反正早晚都是一死，但你们起码得给我们最基本的礼遇吧。

▶▶▶ 那么动物感染口蹄疫时，除了"杀处分"外，还有什么其他的好办法吗？

请你们采取时间短而痛苦少的杀猪方法，并将我们的尸体火化掉。我们也想早日从充满怨恨的一生中解脱出来。活埋猪的地方以后会产生严重的环境污染，我们的尸体中有很多不易溶解的微生物，它们在时机成熟时就会以变异病毒的形式出现在人间。不久前起源于我们猪的新型流感病毒（猪流感）对人类造成的危害是口蹄疫所不能及的，对此人类千万不要忘记呀！

▶▶▶ 啊？新型流感病毒与猪有关吗？

这已经不是什么秘密了，了解内情的人都知道的。起初的名称是猪流感而不是新型流感，但是诡计多端的人类突然就改变了名称。猪流感起源于猪，但很快就变异为在人类之间互相传染的一种变种病毒。本来自然界物种之间是不发生交互传染的，但是猪流感病毒却能传染给人类，这是大自然对人类发出的警告。

◆ 新型流感病毒本源为猪流感病毒，出现在墨西哥和美国，之后蔓延至全世界。很多专家都认为新型流感病毒可能会变异为高致病性病毒，从而引起对人类造成致命打击的传染病，不少专家都对新型流感极强的传染性忧心忡忡。

▶▶▶ 人们最初发现猪流感病毒的时候难道就没有根治的办法吗?

　　我们猪原本几千年前就具有的免疫力完全可以战胜微生物病毒。当我们的体力因环境或处境的变化而衰弱时，这些病毒就开始活动，当我们体质复原时它们就又潜伏起来。经过反复的发病—病愈的过程，我们就拥有了抵抗微生物病毒的免疫力和更强的体质。

　　被人类驯养以后，我们由于体格健壮，依然多次经历过自然治愈，但私欲使人类养猪形成了规模化，猪的体力随之急剧下降，再也无法从频发的疾病中解脱出来了。每当这时，人类就用各种科学研发的抗生剂来治疗我们，但这也增强了微生物的抗药性，人类随之又投入更多的抗生剂来治疗猪病，这种恶性循环继续下去，如今人类给我们注射抗生剂成了我们的家常便饭，我们的自然免疫力几乎消失殆尽。生存环境的压力和饲料造成我们体质极为脆弱，微生物又开始肆虐起来，它们不断进化和变化，人们常常在它们的名称前加上"新型"、"变异"、"超级"等字眼。微生物的"进化"和"变化"随时随地都可能出现在人类或动物身上，之后人类再采取应对措施，这种"出现"后再去"防止"的恶性循环不断进行着。

▶▶▶ 那用什么处方可以治愈这一病患呢？

第一，使用人类研发的预防疫苗。你们必须投入研发疫苗所需的时间和经费，同时还要勇担疫苗从研发到上市的时间压力及被传染病传染地区造成的各种负担。

第二，请交给我们，任由我们自生自灭。我们用自己的方法来治疗传染病，如果我们能被治愈并存活下来，就会产生应对传染病的免疫力，从而变得更加强壮。这一方法在某种情况下可能会使我们全军覆没，人类也将损失惨重，但从长远来看这是比第一种方法更有效果的办法。

第三，请给予我们没有压力、亲近大自然的生活环境与食物。这不仅是最为持久的疾病预防之道，而且也是地球乃至宇宙万物对人类的殷切期望。

人类当前采取的防疫对策只不过是自欺欺人罢了，我并没有贬低人类科学的意思，但你们必须知道一点，靠人类自己的能力绝对不能改变大自然的发展趋势。

　　将动物的生死交给大自然，人类只需负责埋葬死掉的家畜即可。如此一来至少会有百分之三四十以上的动物会自我存活下来，活埋动物是绝对不能容忍的野蛮行径。

　　地球这座星球，是万物共存共生的地方，不是人类的私有领地！在地球上生存的所有生物，在地球这一环境中都是为了自身的进化而存在，在结出丰硕的成果后，都必须把保管得完好无损的环境遗传给后世子孙。地球上生活的万物都是这座星球的主人。

　　但人类受"万物之灵长"这一傲慢思维的影响，一直以来以地球的主人自居。西方人依据"生育、繁衍、主宰万物"的逻辑发现了美洲大陆，并杀死了不计其数的人。西方人认为美洲是上帝送给自己的礼物，所以在美洲横行霸道、毫不顾忌，他们侵略东南亚时也是如此。当时他们就不把白种人之外的其他人种当作人来看待，现如今他们对动物已经进行了不少研究，逐渐开始承认动物也是有感情和思想的存在物了。

　　东方思想中一直就认为这是理所当然的。人类至今还用傲慢荒谬的思想来支配地球，不断对地球施暴。诚然，东方与西方的少数人反对这样的思想，但在"真理即强权"、"弱肉强食"的人类世界，弱者的逻辑是行不通的。大自然一直在等待着人类思维方式的转变，并且通过自然灾害及人和动物患病的方式来警告人类。

人类目前对动物犯下的罪行，即便遭天谴也难以赎清，但是人类中也有与自然、动物和谐共生的人，也有让我们极为感动的爱护珍惜动物的人，因为它们，人类才免遭天谴。你们人类应该知道这一点。现在，请人类对大自然和动物给予最起码的爱护和照顾，与它们共生共荣。

猪之本色

▶▶▶ 我再提另外一个问题。人们一想到猪，大脑中一般都会出现贪婪、吵吵闹闹、气味难闻、身体龌龊、人人避之千里的形象。为什么人们对猪会有这样的印象呢？

（稍微提高了声音）都是人类！！！不都是因为你们吗？如果想看到我们的真正面目，就请观察一下尚未被人类驯养的野猪吧。我们猪原本并不随地大小便，也不会将这些污秽物沾在身体上，更不会乱踩。我们外出串门时从来都是排列得整整齐齐的，不乱吃食物。我们摄食之前都要用功能不逊于任何物种的鼻子彻底检查一遍，然后才开始吃。

说我们很吵？（用感觉不可理喻的语气）我们猪在我们自己家以外的任何地方绝对不会发声，相反，山里的蝉和鸟，丑八怪青蛙不停的叫唤，吵得我们的耳朵火辣辣的疼，但我们还是一语不发。虽然人类说我们脏，但实际上我们是经常洗澡的，还经常用黄土或泥土保护全身的皮肤，护理好全身的毛和皮肤，让害虫都无法靠近。我们肌肉很发达，爆发力极为优秀，软硬适中的猪毛能够很好地调节体温。滋润的毛以及果断的样子是风度翩翩的象征呀，我们一直都在过健康强壮、力大无比的生活。

人类用这种方式饲养我们猪，把我们变成了满身异味、肮脏不堪、没有出息的模样，如今我们的猪鼻阻塞，什么礼仪、风度等想都不敢想了，只剩下活下去的呐喊了。你们不能厌恶我们求生的呐喊！如果人类的生存环境也是狭窄得难以转身，不能伸展开双腿，难以躺下，甚至自己体内排出的污物多得没过脚脖，而且还要在这种地方度过一辈子，你们会怎样呢？

▶▶▶ 你们以前就被人类豢养，并且成为人类的食物，为什么又重新提出这样的问题呢？

以前只有家里遇到婚丧寿辰等大事的时候或村子里面举办重要的活动时，人们才会把我们作为贡品献给神灵，即使如此，我们也不会抱怨饲养了我们好几年的主人。挨宰的时候因为疼痛难忍我们也会大声惨叫，那时主人给我们的脏水和脏饭也承载着他的爱意。然而，现在却完全变了！（提高了声音）真的完全变了！

▶▶▶ 猪的实际生活怎么了，怎么对喂养你们的人类提出如此强烈的抗议呢？

如今人类把我们看成什么呢？ 我们不是地球上的生命体，而是从工厂里运输出来的产品罢了，这就是我们现在的生活现状。人类根本不会爱护我们，仅仅把我们看成"钱"。请看看媒体上与猪有关的用语吧，"标准猪"、"养猪精品商标"、"养猪专业化"、"提高猪肉质量"、"种猪改良"、"高品质猪肉生产"……这些是用在生命体身上的词语吗？猪圈的情况又是怎样的呢？请看一下所谓的安装有冷暖两用设施及通风设备的时新建筑里面的情况吧，钢管将本来就狭窄的空间一点点地分隔开，我们只有与同类展开一番肉搏之后才能你拥我挤地躺下休息，这就是我们居住的家。这里的食物、饮水、污物处理设备几乎全部实现自动化，一个人就可以管理几千头猪，置身于如此尖端发达的设备之中，我们一整天都难以见到主人。我们只不过是猪肉生产工厂生产的产品罢了，但我们并不喜欢这些最新式的尖端设备。

▶▶▶ 社会上一部分人士也开始呼吁改善猪圈恶劣的环境，人们也已经开始关注动物集约式饲养对自身造成的不良影响。

是啊，人类对我们的残酷行径以及现在提出的改善猪圈环境的提议，我们都知道得清清楚楚。

哎！！！真是搞不懂你们人类啊。做了一点微不足道的事情，就好像做出了什么惊天动地的大事一样在舆论界及各种宣传媒体进行铺天盖地的报道，往自己脸上

养猪场

◆ 农户家里，猪的饲养环境就像人们所说的那样，简直就是人间地狱。人工授精后产出的猪仔，被豢养在狭窄的猪圈里，刚出生的猪仔吃不到母奶而是吃饱含抗生素的饲料长大。猪丧失了只有通过食用母奶才能遗传得到的免疫力，因此无法抵抗外部病毒的袭击，从而在失去免疫能力的状态下生长。听说压力太大的猪会咬其他猪的尾巴，为此人们将猪尾巴割掉，猪犬齿拔掉并且将猪阉割。人们为了节省费用，不对猪进行麻醉就实施这一"身体切割"手术。

贴金，好不热闹！然而过不了多久就偃旗息鼓，这便是人世间发生的事情啊。口号并不重要，重要的是自己的实际行动，哪怕它是微不足道的。

▶▶▶ 韩国有没有极为关注动物的福祉并用人道的方式来养殖动物的人群呢？

有啊，韩国国内有那么几位为数不多的人办起了动物福祉型养猪场，忠清北道的×××先生就经营着这样一家养猪场。该养猪场不允许外人随便进出，若要参观访问，则在访问日期的前三天不能进入任何其他农场。参观时有专人引导，先在密闭的紫外线杀菌器下对身体进行消毒，之后穿上防疫服才能进入里面。发生口蹄疫或其他传染病时，该养猪场杜绝任何外人出入，实现了无缝隙防疫。占地多达一万三千多平方米的这座养猪场拥有三个猪圈，整个建筑内都是相通的并且安装了自动饮水机，能够自由分配饲料，地面上还铺上了二十厘米厚的软绵绵的木屑，猪在上面可以美美地睡上一觉或是随心所欲地戏耍玩跳。

猪吃饭的时间没有特别的规定，水、饲料等都是无限制地自动供给，猪想吃就吃，想喝就喝。在圈里胡蹦乱跳玩耍一阵后，饿了的话就可以自行进食，天气暖和的时候还可以到绿油油的草地上面玩耍。木屑中拌有霉素，猪粪尿被发酵，而且并没有什么臭味，工人可以随时将这些粪尿收集起来，作为绿色堆肥卖给农民。虽然这里设备齐全高端，环境很好，但并没有阻碍农场盈利，而且我们还能保持身体健康，快速生长，然后来报答主人。

▶▶▶ 是啊，并不是所有人都残酷无情啊，对猪做出不人道行为的只不过是极少数的人。现在越来越多的人开始揭发当前时代里猪的受难实情了，所以请您暂时地忍耐一下吧。最后您还想对人类说些什么呢？

　　我们并不是不分青红皂白地拒绝成为人类的食物，在某种程度上，我们也甘愿成为人类餐桌上的美食，但你们必须知道，人类不是食肉动物！这也是为了你们人类好啊。

　　若要说我们对人类有所期望的话，就是从大量饲养中挣脱出来，哪怕猪圈设施不尽如我意，我们也要与人类共同生活，食用渗透着爱意的食物，在我们长大后可以为了维持人类健康的身体，在必要的时候献出我们的肉身。

▶▶▶ 我会为那些因感染口蹄疫而冤死的动物们祈福的。

多谢了。您能这么做我们感激不尽。

请一定将我们的悲痛欢乐广布人间，我们殷切希望人类能营造一个人与猪共生共荣的世界。

▶▶▶ 与猪先生的对话结束后，我又向牛先生发出对话请求。我想感觉一下牛先生，结果看到了它用无奈的眼神望着我并且是微微生气的样子。

玉米，袭击人类

▶▶▶ 牛先生，气温突然降到零度以下，天气变冷了呀。

长久以来，人类就为我们建造能避风遮雨的房子，我们在这里面还算过得凑合。天更冷的时候人类还在我们身上盖上被子，为我们煮热气腾腾的食物。一想起那个时候，我们就感激得眼泪直流，真让我们怀念啊！那个时候就像做梦一样。相比那个时候，我们现在反而过着饥寒交迫的生活。

▶▶▶ 您为什么这么说呢？ 挺让人遗憾的。据我所知，现在一到冬天人们就在保温良好的建筑物里面用塑料布挡住寒风，有时还会打开暖风机来保持牛栏里面的温度。

确实如此。如果人们是单纯地为我们担心而优待我们的话，我们会对人类感激不尽，幸福感也将溢于言表。但事实并不是这样的，人类只是出于私利和贪欲，是为了增强饲料效果，保证我们迅速长大长膘，并不是真心为我们好。大多数的人只把我们看成是生财的钞票。我们身体虽然很暖和，但心里却从来没有暖过。

▶▶▶ 牛是从什么时候起、以什么契机开始与人类生活的呢？

相当长久了，几乎与人类出现在地球上的时间一致。起初只不过是少数牛与人类共同生活，后来人类定居下来开始过群居生活，生活方式也从以打猎为主变为以农耕为主，从那时起我们就正式与人类同居。

　　共同生活也是由于双方的互相需要。我们牛总是受到猛兽带来的生命威胁，常常是眼睁睁地看着同伴死去。在和平安定的环境里，我们也没有放松过警惕，整日过着提心吊胆的生活，于是就成了人类的家畜。人类保护了我们，我们给人类耕地、搬运物品，工作勤勤恳恳。我们对人类很顺从，忠心耿耿，最后甚至将自己的身体当作食物献给人类。即便身体成为人类的食物也毫不吝惜。在人类的保护下，我们能够放心大胆地在宽阔的大草原上吃草，晚上就住在人类为我们建筑的避雨遮风的房子里，别提有多幸福了。

▶▶▶ 您一辈子都为人类服务，最后成为人类的食物，心情会怎样？

　　也会心疼自己，留恋生命，但一想到人类给予我们的爱护，就一切都释然了，没有半点怨恨地安然死去。严寒的冬季一来临就担心我们被冻到、给我们被子盖、给我们热气腾腾的食物、随时清扫我们身上的污物和害虫等等，人类与动物们没有半点距离，共同生活。然而到了现在，梦境般的爱护和同居只不过是昨天的故事罢了，现在的我们满腔怨恨、不断诅咒，而现在的人类，生产质量上等的牛肉，赚取利润、满足口福、费尽心机地让我们长膘增肥，我们与欲望无穷无尽、冷酷无情的人类之间的关系已经发生了变化。这真是一个让我们寒心的世界啊。

▶▶▶ 最近我听说牛食用的玉米饲料出现问题了，有人怀疑人们用玉米饲料代替青草养牛会改变牛肉及牛奶的原成分。实际情况是怎样的呢？

玉米并不是我们牛的食物，我们虽然很喜欢吃柔软的玉米秸秆和玉米叶，但玉米粒儿并不是大型草食动物的食物，而是老鼠、松鼠、鸡和鸟等小型动物们的食物。地球上所有的动物在几千年的生活中都已经有固定的食物，并且其体质与习性也逐渐与饮食相适应，相互之间共生共存。

我们主要吃的是青草，它才是我们牛的主食。以前与人类一起耕田种地的时代，冬天里由于吃不到足量的青草，春季来临我们也无法换毛，瘦得干巴巴的。此时，主人看不下去，在给我们煮食时加入一把贵重的豆子或玉米，其发出的香味就刺激了我们的食欲。那时，我们食用的不是大豆，而是主人的爱心啊。

就这样，我们曾经吃过人类的粮食，而现在玉米、人工饲料成了我们的主食，几千年来习惯了吃草的我们，身体出现了与外表大不相同的变化，现在的身体与产出的牛奶已经不是过去健康的状态了。

▶▶▶ 人类可以进行母乳养育，但是在缺少母乳的情况下，不可避免地要用到牛奶。虽然人类要节制肉类的摄入量，但如果出现上面的情况，人类该采取什么样的替代方法呢？

所谓牛奶，顾名思义就是牛的奶汁，人为什么要喝牛的奶汁呢？牛奶是小牛犊吃的呀。以前人们遇到母乳欠缺的事情，首先想到的就是到奶水多的人家去"求乳"，如果难以求到，就用大米做成白蒸糕，晾干后碾成粉末，拌在蜂蜜或白糖里喂给婴儿。

家境好一点的人家还会在里面放入大豆、松子、核桃等，人们就用这一方法把孩子抚养得健健康康。大豆、豆腐、松子、核桃、野芝麻等能为人类提供充足的营养，人类不食用牛肉也可以生活得很健康。现代医学已经如此发达，人们再食用有机蔬菜等素食的话就能使寿命延长一倍。

牛所说的疯牛病

▶▶▶ 我想请教关于疯牛病的问题，人们认为疯牛病的发病原因是不正常的牛饲料使蛋白质出现变化，从而对正常的脑细胞进行攻击。食用过病牛牛肉的人也感染了疯牛病，现在媒体将人类疯牛病称为克雅氏病（Creutzfeldt-jakobdisease，CJD），虽然病因已经查明，但是人类对疯牛病的恐惧依然没有消除。有什么方法可以从根本上消灭疯牛病吗？

真正的原因其实在于人类的贪欲，在于你们没有把我们牛看成是生命体，你们只把我们看做餐桌上的牛肉。被金钱和物质蒙蔽了双眼的人类对我们进行大规模集中饲养，为了使我们早日出栏而用尽一切手段。

人类为了获取大量利润，减少了我们的饲料量，还用牛骨、羊骨或它们的副产物喂我们。地球上的所有生物都是遵循食物链的规律进行循环的，然而人类却和这一规律背道而驰。几千年甚至几万年以来，动物一直

养牛场

◆ 从20世纪60年代开始，法国就用玉米代替青草和干草来养牛，有人认为玉米将改变牛肉和牛奶的成分，人类一旦食用了被玉米养大的家畜肉，可能会引起肥胖症、心脏病、过敏性疾病等。构成人类身体中细胞膜的欧米茄3和欧米茄6脂肪酸只能通过植物摄取，其中欧米茄6能积累脂肪，而欧米茄3能分解脂肪。玉米中欧米茄6和欧米茄3脂肪酸的构成比例是66比1，这一比例上的失衡便是肥胖症、糖尿病的致病原因。

分为草食、肉食以及杂食三类，然后在这三类动物里面又进行细分，这样地球万物就在进化的周期循环中达到了平衡。人类将我们食草的牛儿圈在拥挤不堪的篱笆里面，给我们喂人工饲料，最后甚至把动物尸体及其副产物碾成粉末拌在我们的饲料里面。

无论我们明白还是糊涂，我们不得不吃这样的食物。几千年来从未有所改变的食物和生活环境突然发生了变化，我们身体里面的细胞为了存活也只能出现异常变化。这些出现异变的细胞会逐一地演变为疯牛病、口蹄疫及其他变种病毒传播到人间，目前出现在动物身上的原因不明的疾病，几乎全部都是环境和食物的原因。

▶▶▶ 疯牛病等致命性疾病的根本解决办法是什么呢？

防止疯牛病的根本对策非常简单，就是让我们牛和其他所有的动植物按照自然的方式生活。人类改变不了大自然和地球万物的存在法则，人类要明白，只有让地球万物遵守自然法则，自然生长，才是实现与它们共生共存的方法。虽然人类现在已经错过了大好时机，但仍存在一线希望，所以你们必须果断地选择一条与万物和谐共生的道路。

此外，还要节制肉食，逐步走向素食主义。人类体质类型中，离不开肉食的体质类型只是极少数。

饱食却营养失调的现代人

▶▶▶ 很多专家认为，只有平均摄取各种营养才能保持人的身体健康，有人据此认为，只吃素食将会造成体内营养元素失去平衡。

请想一想我们以前的样子吧，同时看一下现在野生的草食动物，它们不都是体毛润泽，腿粗壮有力吗？炯炯有神的双眼看上去是多么的健康有力啊！你们不要担忧吃素会造成身体营养失衡，相反，现代人饱食终日却还是营养失调。

我的意思是，你们吃得很多，但却不会吃。请看一看什么都敢吃的人类的健康状态吧，真正健健康康的人有几个呢？现代人依赖的是现代医学，而不是依靠健康的身体。最好的例子就是肥胖，这就是不合理膳食带来的副作用。

即将被屠宰的牛

◆ 10年以来，全球范围内新型克雅氏病（vCJD）的病例共有275例，其中英国就出现过170例，数量最多，其次是以色列，出现了56例，排第3位的是法国，出现了25例。在同一时间段内，疑似感染疯牛病而被宰杀的家畜约达19万只，其中大部分发生在英国，英国政府大规模宰杀牛羊等家畜之后暂时阻止了疯牛病的扩散，但仍有个别病例被发现。

▶▶▶ 不合理膳食带来肥胖等副作用？ 我不太明白。

　　人类真正需要的营养如果不能得到有效的补充，就会引起身体的失衡。除去极少数人之外，对大部分的人来说，肉食是万病之源。人类食用豆类及坚果类等丰富多样的食物，就能吸收蛋白质、脂肪等，藻类含有丰富的钙和铁，人类在野芝麻粉、白苏油中完全可以吸收到食用海鲜才能获得的营养元素。细细地对比一下这些食物的营养，就会发现肉类等补养食品并不是人类所必需的，素食也是非常好的补药。

现代人重拾免疫力的素食诀窍

▶▶▶ 素食是很好的补药？ 牛先生是不是有很特别的食用素食的诀窍呀？

　　例如，野芝麻具有软化硬纤维的特性，因此是与纤维坚韧的蔬菜很搭配的材料之一。人们常常把坚果类作为零食食用，坚果类里面的松子、核桃等可以炖着吃或碾成粉充当作料；用在凉拌蔬菜或炒蔬菜、炖菜或做饺子馅时，代替芝麻盐放进去的话就会香味十足。

在四季分明的国家，应季的蔬菜是非常好的食品。春天食用新芽做成的绿油油稍带点苦味的春菜，夏天品尝小萝卜或莴苣等根菜做出的料理，秋天则吃上大枣、栗子、核桃、南瓜等果类和藕、胡萝卜、牛蒡等根类菜蔬，冬天的菜单上请一定不要忘记秋天已经准备好了的干蔬菜、酱菜和泡菜等。素食主义者也好，肉食主义者也罢，利用好应季的蔬菜是保护身体的最重要的方法。

吃蔬菜时，往往会觉得没有肉、鳀鱼、虾的味道好吃，这是由于没有吃出滋味来。将干蘑菇或海带等各种蔬菜放在一块儿煮，就能做出味道既清新又浓的汤。把各种材料晾干后放进粉碎机里面碾成末，就可以作为天然调料来使用了，它不仅能使做出来的菜味道鲜美，而且还能保持身体健康。不要再为营养价值、味道及身体健康担心了，请吃素食吧。蔬菜与水果就不用说了，所有的发酵菜蔬类食物的效果都不逊于补药，它们不仅能让您感受到身心的清爽、轻盈，让您认识到真正的身体健康，而且对保护地球和环境也是有很大贡献的。

▶▶▶ 但是要想食素，真的需要很大的决心。您知道改变饮食习惯对人来讲是多么难吗？而且戒掉平时爱吃的食物真的不容易。

其实食素应该发自内心的爱与顺从，即对自己的爱与顺从，对大自然的爱与顺从以及对上天的爱与顺从，在这种爱与顺从下应该自然而然地进行。如果如您所说的那样难以放弃、不断斗争，食素是坚持不了多久的。

除了少数人以外，大多数人本来都是吃素的，不吃肉。请看一下人类的身体吧，人没有食肉动物发达的犬齿，适合素食的臼齿却很发达，与肉食动物相比，人类的肠子太长。寻找各种各样的理由或为了达成某些目的而吃素是不行的，只要很自然地回到本来的人类就行，只要想着遵守规律就行。

牛梦想中的生活

▶▶▶ 牛先生，您代表牛类最后想对人类说些什么呢？

我们有以下几点希望：

1. 请人类允许我们用结实的门牙吃青草。为了维持生命我们虽然也吃人类给我们的饲料，但是我们最想吃的还是原来的主食——青草。我们牛不是杂食动物，我们不想吃玉米、小麦壳、稻壳、其他谷类的副产物、羊骨或我们牛骨、内脏汁、海鲜等混拌的饲料。

2. 请让我们踏着大地生活吧。我们一辈子生活在粪便上面，条件好一点的话就会生活在水泥地面上，就了此一生。

3. 我们想饮用潺潺流动着的溪水，现在是终生含着水龙头喝水后死掉。

4. 我们想吃牛妈妈的奶水长大，请让刚出生的小牛犊喝妈妈的奶水吧，我们不想喝陌生奶牛的奶水。

5. 我们想履行与人类的约定，做我们该做的事情，我们终生连路都没有好好走过就会死掉。

6. 我们不想被注射大量的药物，也不想吃太多的药。我们想要的是，按照祖上流传下来的方法来自我治疗疾病。

7. 我们想自己进行种族繁殖的行为，我们真的非常讨厌人工授精的方式。

8. 我们不想同类之间被强行"斗牛"，我们动物之间原本是不会打斗的，只有在育种时，为了选种而进行甄别优劣的相斗，但人类却将这一行为驯养成了"斗牛"的形式。

9.我们想戴上牛鼻圈。我们想遵守与人类的约定：人类保护我们免受其他野兽的袭击，我们则戴上牛鼻圈，劳动、顺从，最后向人类献出我们的身体。

10. 我们想看一看世界的风景。我们牛的一生都在六七平方米的空间或篱笆里度过，最后为了成为人类的食物而死。

为拯救地球，猪和牛传递出的信息

1. 人类必须认识到，动物与人类一样，都是拥有在地球上自由生存权利的宝贵生命体

动物也是希望通过在地球上生活，获得真知，从而完成进化的存在。不能因为自己是人类，就随心所欲地左右其他动物的生命。人类应该顺应自然，为爱护地球和环境作出自己的贡献。

2. 节制肉食，将吃素生活化

人类不应该喜欢食肉。人类用不正常的方法喂养的这些动物，身上存在着各种各样的压力，食用它们对人类有害无益，因为这些压力毫无损耗地留在了动物体内，然后再传给人类，人类也被癌症、糖尿病、高血压等食肉引起的疾病所折磨。将吃素生活化，是保护地球、维持身体健康的基本要求。

2

狗眼中的狗肉汤

· · · · · · · · · · ·

狗是与人类最亲近的宠物
在是否该吃狗肉的问题上，争议一直不断。
作为人类伙伴的狗，沦落为人类的美食，
它们眼中的人类补身文化的实际情况是怎样的呢？

前不久我看了一段虐狗的视频后大为震撼，视频里讲的是食用狗遭受虐待，被养大后悲惨死去，以及被主人遗弃流浪在大街上的狗在流浪狗保护所被安乐死的内容。

狗儿的呐喊

▶▶▶ 是狗先生吗？ 我该怎样称呼您呢？

您怎么称呼都行。

▶▶▶ 食用犬的饲养环境太悲惨了，我不知该说些什么。看一眼就觉得害怕，几乎全部的食用犬都是生活在这样的环境中，狗窝里面的生活真是悲惨啊。

悲惨？简直让我们抓狂！您难道就没有听到我们的狂叫吗？ 如果我们不这样，很有可能疯掉，所以我们不断地狂叫。

看了视频里的内容，感觉很恐怖吧？ 人类为了赚钱，将狗杂交后培育出了体型庞大的食用犬，在充满恶臭的狭小铁笼里面，用非人道的饲养方式进行饲养。我们只求一死，却死不了。眼下人们对动物饲养已经失去了理智，动物们连基本的本能行动都无法实现，只求速死却不能如愿，过着生不如死的日子。

兽类有一点比人要好，它们懂得遵守自然规律去生活，这样一来它们一点罪都不会去犯。然而它们一旦在恐怖和虐待中生活后，就可能会咬死人，也可能会吃食同类，失去本能。在这样恶劣的环境下，我们眼睁睁地看着同伴残忍地被拖走并被杀掉，迫不得已吃掉它们的内脏和骨头，我们终生连一次都没有在宽敞的地面上行走过就被杀死。请想一想这样的我们吧。

求求你们了！这一切对我们、对人类来说都是人间地狱呀。这是没有爱的地方，是人类只被自己的贪欲蒙蔽了双眼而不顾其他动物痛苦的地方，这样的地方难道不是地狱吗？

狗眼中的狗肉汤

▶▶▶ 在名为"狗农场"的地方,我听说狗就如同生产的机器一般,不断怀孕、分娩,遭虐待后再也无法生产时就被吃掉或抛弃。这种地方之所以存在,很明显是存在着需求,那有什么方法能结束这一恶性循环呢?

虽然了解人类和动物出生的目的这一问题有点难度,但我们是不是应该知道呢?许多人做出这样的行为,是由于他们的无知。是因为不懂得包括人类与动物在内的地球上所有生命体存在的理由。

最根本的问题,是让人类认识到狗不是为了补身而存在的,总之,不管通过什么样的活动,都必须改变人们的认识,否则人类是没有希望的。

▶▶▶ 很抱歉,在韩国如果到了伏天或其他特殊的日子,会有特别多的人吃狗肉。就像人类生活过程中会形成丰富多彩的文化一样，韩国伏天时吃狗肉这一现象不应该看做是一种文化吗？

伏天里吃狗肉是人类为了度夏而补充身体营养时产生的陋习，世间万事万物都随着时代的变化而变化，生活方式也是如此。过去人们过着饥寒交迫的生活，缺医少药，通过食用狗肉来补身，但这样的时代已经过去了。

此外，撇开"是否有必要吃"这一问题，食狗肉的人的心是最重要的。如果真的需要吃狗肉补身，在别无他法的情况下，带着感恩的心来食用我们，我们可以容忍。如果人人都有这样的心地，现在的食用犬问题就根本不会出现。

如今很享受狗肉的人们，没有半点虔诚的心，只知道为了维持自己的健康和满足自己的食欲而吃狗肉，这分明是一条歧路，在这条路上，我们悲惨地被饲养，然后痛苦地迎接死亡。人类食用这种状态下的狗肉，反而对人体弊大于利，同时人类身上还担负着累累罪行。

反对吃狗肉的署名运动照片　　　　　　　　　　　　　　　　Ⓒ 陈光镐（韩国）

　　◆ 在韩国两千多个地方的狗农场里，母狗一生都过着"怀孕—生产"这种循环往复的生活。在恶劣的环境下循环了四五年后，它们身体被使用透支再也不可能怀孕时，就会作为滋补身体用的材料卖掉或直接扔到大街上。而且在饲养食用犬的过程中，它们不仅得不到爱护，杀狗的过程也非常残酷。或者将其吊在树上打死，或者活生生地烧死，或者用电烫死，狗会遭受极大的痛苦。人们认为狗在遭受痛苦的过程中会分泌更多的肾上腺激素，这样的狗肉会更加美味。

▶▶▶ 通常为了保证狗肉的味美，狗在死前会遭到残酷的暴行。在这种情况下，对人类造成的不良影响似乎比好的影响更多。你是怎么认为的？

很愉快地完成了自己的角色后被杀死的狗，与被虐待而死的狗的状态怎么会一样呢？

遭到虐待，在痛苦中死去的狗已经失去了补身的价值了。狗活着的时候，其遭受的压力会使得有害物质在体内积累，被残忍杀死以后，这些有害物质就会掺杂在体内，食用这样的狗肉虽然可能会充饥，但实际上体内的有害物质会积累起来，对人类身心都是有害的。

▶▶▶ 爱吃狗肉的人，比我想象的要多得多，您想对这些人说些什么呢？

对身体有益的新鲜蔬菜或水果是怎样栽培的呢？在它们摆上餐桌以前，人类会耕地、施肥、灌溉，不会让它们受到半点的压力，爱护在意它们，此时它们也会为人类结出丰硕的果实吧。

人类为了食用狗肉付出过怎样的真诚和爱护呢？人类吃我们的目的是什么呢？请丢掉人类可以驾驭所有家

畜的傲慢想法吧。以后人类如果不能与动物共生共存的话，就会与动物同归于尽。

其中最为脆弱的人类最先灭亡。你们已经营养过剩了，没有必要再食用狗肉了，你们吃在各种压力下生长的狗肉反而会中毒，请牢记这一点。现在请不要再进行这些不必要的争论了。

我们再也不仅仅是满足人类食欲的存在了，我们是献出自己生命来拯救人类的高贵的生命体和伙伴，希望您把这一点告诉人类。如果有不得已的原因要食用狗肉补身的时候，要心怀感激和真诚的歉意，这时才可以得到一定的帮助。

▶▶▶ 这次问一个关于流浪狗的问题。我听说大部分与人类生活了一段时间后被遗弃的狗儿，在流浪狗保护所停留一段时间后，如果遇不到领养的新主人，就会被安乐死。

安乐死不是对那些上了年纪被病痛折磨再也无法治愈的人或动物实施的行为吗？ 流浪犬保护所中发生的这一行为不能看成是安乐死。有的流浪狗很幸运，在保护所里被领养，但犹如人类被抛弃后再被人领养时的心情一样，对自己的身份感到深深的伤心，这些将所有的爱

笼中的宠物

◆ 韩国国内伴侣动物市场规模达1兆韩元，韩国17.4%的人口都养伴侣动物，其中94.2%的伴侣动物是狗，同时专家指出，那些居无定所的流浪狗的数量是流浪狗保护所中收留的数量的10倍以上。它们对各种各样的危险几乎毫无防备，在大街上流浪，一旦被救助就会送到流浪狗保护所，10天的保护期一过没有人领养时，它们就会被安乐死。人类最亲近的动物及伴侣——宠物们，由于人类的变心而惨遭遗弃。

都献给人类、对人类忠心不二的狗被抛弃后再遇到新主人时也会很难适应。

▶▶▶ 您最后还想对人类说些什么呢？

我们是人类饲养的家畜，同时又是高于家畜的人类的家人，请记住双重身份的我们。我们还想再次与人类分享爱，也期盼着你们再次与我们的对话。

为拯救地球，狗传递出的信息

认识到动物也是高贵的生命体，同时又是人类的伴侣

地球不只是人类生存的地方，动物与人类同甘共苦，都是高贵的生命体。如果认识到这一点，就不会为了食用动物而将它们残忍地杀死，动物不是为了满足人类的食欲而存在的。人类如果断绝了与动物的关系，就会引起地球危机，而与动物共生共存才是摆脱危机的唯一方法。

3

鸡所说的
禽流感真相

· · · · · · · · · · · ·

如今是鸡最严重的受难时代！
乘着健康的东风，人类食用最多的鸡肉，
真的对健康有益无害吗？
鸡揭示的流感原因及预防对策！

与口蹄疫一样，鸡也由于禽流感成为人类的处死对象，惨遭人类折磨。连日来大众传媒对动物们进行了大量的报道，我看后非常痛心，所以请求与鸡先生对话，没多久它就像已经在苦苦等待着我一样很高兴地向我致意。

禽流感及其变种病毒的根本对策

▶▶▶ 鸡先生，您好！近期韩国遭受了严重的寒潮袭击，我们人类损失惨重。鸡没有受损伤吗？

我们鸡原本很适应寒冷的环境，我们天生体质强壮，这点寒潮不算什么问题。人类为了让我们多产卵、速增肥、快成长，人为地调节室温，所以寒冷对我们来说不成问题。

▶▶▶ 这次对话我想请教一下关于禽流感的相关知识。禽类被禽流感所折磨，这种病的发病原因是什么呢？

禽流感的出现原因，人类应该很清楚啊，你们只是心知肚明，但为了眼前的经济利益而故意视而不见罢了。禽流感病毒也是一种微生物，它存在于地球的各个角落，数量很多。一旦具备了得以活动的条件，它随时随地就能开始肆虐。此外，这种病毒活性变强的话，还会生成类似的病毒，这可以看成是它们的进化。病毒在进化过程中就能产生人与动物相互传染的病毒。人类对我们滥用药物及非人道的饲养方式早就将我们体内的免疫系统破坏得一塌糊涂，身体被严重污染，丧失了免疫力，因此微生物或其他病毒就具备了活动的适当条件。

▶▶▶ 那该怎样阻止传染呢？

最根本的方法就是消除病毒活动所必需的条件，这一根本方法就是免疫力和健康。不管是人还是动物，都是在患病后获得了该病的免疫力，或者平时身体健康，不给病毒活动提供条件。现在人类与动物们的健康，并不是真正的健康，他们的病体是依赖药物来维持的。作为权宜之计，人类如果用疫苗或治疗剂来应对病患，那只会导致进化了的并且耐性更强的病原体出现。

◆ 2010年高致病性禽流感在韩国5个道、16个市郡区出现，共发生40例，发病地区，出现这一传染病的农户及其半径三公里以内的鸡农场、鸭农场的所有家畜都被埋葬。据统计，涉及的农场共有134个，被埋掉的鸡鸭数量达324万2216只。每年出现禽流感时，相关部门的公务员及防疫要员都会对禽类进行消毒和生物防护（biosecurity），但仍然阻挡不了传染的趋势。

▶▶▶ 您也知道，禽流感发生时，人们为了避免殃及其他禽类，主要的应对方法就是集中处死染病禽类。从事这项工作的公务员或目睹了这一过程的人们，精神上都遭受着煎熬与折磨。

人类将我们活埋的行为，是断不可行的野蛮行径，虽然我们也知道人类也是不得已而为之。就像我们会感到委屈悲痛一样，人类也为我们感到可惜，因为埋掉的其实就是钱啊。活埋我们或其他家畜的地方以及附近的土壤将会长期处于污染状态，要完成净化，需要极长的时间。

发生了传染病，请你们人类不要插手，将其交给大自然或动物们自己处理吧。我们若能战胜病魔存活下来，就会产生免疫力，从而更加健康。大自然原本就是通过"疾病"来实现万物的和谐与进化的，人类违背自然规律，贪得无厌，试图用经济的逻辑解决疾病是行不通的。人类对此应铭记在心，并加强对相似传染病的应对措施，培养自身的免疫能力，而不应仅仅依赖疫苗或抗生素。

以后请人类不要活埋我们，如果是迫不得已，请你们尽量缩短时间以减少我们的痛苦，并且将我们火葬，同时为我们短暂而可怜的灵魂祈祷吧。

▶▶▶ 有人担心2009年肆虐的新型病毒与禽流感结合产生新的变种病毒，您认为出现这种情况的可能性有多大呢？

完全有可能出现新型病毒与禽流感结合产生新的变体病毒这种情况，而且随时随地都有可能出现。因为，如前所述，当前所有的动物及除去极少数的人之外，大部分生物的身体状态都不正常。环境污染严重，道德伦理也已崩溃。

只有一切正常时才能做出预测。在正常情况下，人们能预知圆圆的足球飞来的方向，却没法预知橄榄球的方向，同理，地球万物几乎都处在不正常的状态下，难

以预测将来的情况，但有一点可以肯定，变种病毒或自
然灾害带来的危害比人类拥有的原子弹或氢弹造成的生
命损害更为严重，而灾害发生已经为期不远。如果人类
不思改进，早晚就会发生这样的事情。地球现在已经病
入膏肓，但我还是要告诉人类流感病毒的预防对策，这
就是，人类倾听一下自然的声音。也就是说，人类重新
回归到自然中去。

鸡肉是健康食品吗？

▶▶▶ 人类总是急于解决衣食住行的问题，生活中也食用鸡肉
并饲养了大量的鸡。

　　人类必须要改变一下饮食文化了，最大限度地减少
食肉量，逐渐向食菜文化转变。这么做不仅仅是为了我
们鸡，当今人类食用的鸡，其身体状态就不正常。虽然
吃鸡肉可能马上就能给身体补充营养，填饱肚子，但绝
对对人类身体健康没有帮助。现在的鸡肉对人类健康非

养鸡场

◆　鸡的活动量大就会掉膘，而且会长出肌肉，肉质就会变硬。所以为了减少鸡的活动量，人类将四五只鸡喂养在狭窄的鸡笼里面，50天后就出笼宰杀。用这种方式养成的鸡，接受了恶劣的环境带来的压力，免疫力弱化，随时都要喂养抗生剂。

常不利，尤其是近来人们把身体异常的鸡肉，在高温滚烫的油里面炸，这样的鸡肉会再一次转换为异常物质，这一点你们应该知道。

食物是维持生命的能量，然而大多数人却是将食物看成是享用的对象。人类应该用最贴近自然的、简单的烹饪方法来适量食用可转换为身体能量的部分食物。

地球上得肥胖症的只有人类，除去家养的动物外，生活在大自然中的动物绝对不会暴食也不会肥胖。为什么？因为它们摄入的自然状态的食物量与其运动量是相符合的。我们的身体被各种有害物质污染的程度已经超过正常的范围，到了非常严重的地步。这样病弱的鸡是没有经济效益的，所以人类又给我们注射药物、给我们喂药，这还不够，甚至还在我们的饲料中添加药物。

体弱多病的我们依靠着人类提供的药物存活，这种状态的身体中又加入了各种污染过的配料，再经过高温加工，这时做出来的食物已经不可能健康了，你们还称之为"营养食品"，喂给孩子们。我们怎会理解得了你们呢？

▶▶▶ 那么人类如何作为自然人去生活呢？

您也感到与大自然存在距离了吧？大自然离我们并

不远。请尝试一下减少肉食，慢慢将素食生活化吧，上下班的路上不要再杞人忧天，而是抬眼望一下时时刻刻都在变化的天空吧。头顶上无意飞过的鸟，或是看上去没有动静的林荫树都是希望与人类交互感应的大自然。每天拿出一点时间来做这些事情，您就会明白自己就是作为大自然的一部分而存在的，之后在某个瞬间就会发现自己也会在生活中想尽各种办法，不遗余力地来保护自然。

▶▶▶ 人类与鸡之间存在了几千年的恶缘，要在一朝一夕改变是非常困难的，但是以后随着人们逐渐地醒悟，就会努力去构筑万物共生共存的世界。

为拯救地球，鸡传递出的信息

每一天拿出一定的时间，与自然进行一次交互感应

大自然离我们并不远，自己周围所有的地球家人都希望能与人类交互感应共存。当人类倾听它们的声音，并认识到自己也是大自然的一部分时，就会为保护大自然而用尽各种办法。

4

对人类实验说"不!"的
黑猩猩

. . . .

为什么人类会忘记常识性的知识呢?
人类也只不过是暂时滞留在地球上然后离去的动物之一……

我曾经看到过被称为"黑猩猩之母"的环保主义者珍·古道尔博士抱着黑猩猩玩具的样子，难道是黑猩猩可爱的模样让我顿生亲切感吗？我一向黑猩猩发出对话的请求，就有一种老友重逢的感觉。

类人猿眼中的人类世界

▶▶▶ 黑猩猩先生，可能您酷似人类的原因吧，我看到您之后一种亲切感油然而生。既感到神奇又很高兴，你们怎么与人类如此相像呢？

可以说我们黑猩猩发挥着双重作用。众所周知，我们的形象与人类最为相近，我们要让人类认识到，动物并不是与人类全然不同的生命体。

所以我们挺适合"友好大使"这一词语的，我们要告诉人类不要随便轻视动物。

　　第二个作用就是要告诉人类一定要谦虚。我们与人类98.7%的基因相同，所以要让你们明白，人类自封的"万物灵长"的旧思想应该改正一下了，你们也是动物中的一员。

　　总之，人与动物可以看做是一脉相承的。我们的第二个作用就是让人类认识到自己也是动物界中的一员，不要轻视动物。

▶▶▶ 下面这个问题是我从小就很好奇的，从进化论的角度来看，类人猿经过长期的过程能否进化成与人类似的样子呢？

　　是的，我们也是向着进化发展前进的存在物，地球万物都为进化到下一个阶段而做着准备，我们也希望自己从类人猿阶段进化到下一个阶段——人的阶段。

　　然而，物理上进化为人类还有另外一种意义。人类真是多种多样的存在物啊！虽然在地球上，人类是物理进化最完整的动物，但在精神层面人与人之间却是千差万别。所以很多情况下具备了人类的躯体，但思想却达不到人类水平，这一情况很常见。

　　我们类人猿要进化成人类，指的是躯体与思想的双重进化，所谓的进化，不仅外表重要，内在也非常重要。如果内在不能一起得到进化，就不能看做是真正的进化。

关于同为动物的人类拿其他动物身体做实验

▶▶▶ 黑猩猩、大猩猩、猩猩等体型较大的类人猿由于与人类长得很像，所以常被用来做药物临床试验，甚至被作为宠物饲养或食用，因此正面临着灭种的危机。

它们的处境我都不忍心说出来。人类的这一行为就如同为了找到医病的方法而在自己家人身上进行试验是完全一样的。我们并没有太大的要求，只是恳请人类让我们在自己生存的地方自我生存。

这样一来，包括人类在内的地球万物都将自然而然地走上共生共存的进化之路，并成为路途上的伙伴。不知从何时起，人类把地球当做了自己的私有财产来行为处世。我们希望我们的兄弟——人类能够回首一下自己的行为，好好反省一下，做出改变。

▶▶▶ 那么您的意思是人类不需要进行动物实验了吗？ 有很多人站在人类的立场上，认为要应对人类顽疾或延长生命就不得不进行动物实验。

请想一想你们的祖先吧，他们是在大自然中寻找人类治病所需的处方。不是通过在与自己共生共存的动物身上做实验，而是在大自然中发挥人类的智慧来找到药方。

▶▶▶ 但是人类确实通过动物实验治愈了很多种疾病，如果没有动物实验，人类将会死在很多种疾病的手中。

当然，动物实验对人类会有暂时的帮助，但是人类现在有必要想一想出现在人身上的疾病，想一想患病的原因。在原因不明的情况下，为了治愈就盲目地实施动物实验从而导致大量生命体死亡的行为必须终止。动物与人类都经历着同样的痛苦，人类却对这一事实等闲视之或冷眼旁观。

人类的这种思维已经根深蒂固，所以就把我们当做

实验室里的猴子

◆ 在一年的时间里，仅仅在韩国一国就有五百多万只——相当于首尔一半人口的动物被送上了实验台。动物实验的支持者认为动物实验是必要途径。全世界每年有一百万人死于药物的副作用。这些都是经动物实验后被鉴定为稳定药物的药。萨立安多（镇静剂）在动物身上看不出半点排斥反应，但当其对人的毒副作用得到最终确定时，它已经造成了一万名婴儿的严重畸形，对人类效果明显的抗生素链霉素也引起了鼠崽腿部畸形。

实验的对象来对待。

▶▶▶ 那您认为人类患此类疾病的原因是什么呢？

造成人类当前状况的根本原因是人类过度食用超出自己需求量的食物以及建立在拜金主义基础上的追求安逸的欲望，以及由此造成的运动不足等。

人类摄取了大量不必要的食物，其中大部分的食物里面包含过量的肉类，这些食物就是用在非人道的环境中养成的动物做出来的。

我们知道，在人类原因不明的疾病当中，大部分都是人类肆意破坏地球环境及对与自己共生共存的动植物、大自然造成的痛苦的结果。总而言之，疾病给人类造成的痛苦其实就是人类咎由自取的结果。也就是说，人类必须要终止动物实验。

▶▶▶ 这样一来人类能用什么方法来代替动物实验呢？

答案远在天边近在眼前，即日常生活中我们可以做到的微小改变。人类当前所需的不是通过动物实验来开发药物，需要的是回顾反省自己的饮食习惯、生活习惯及思维习惯的时间。

同时还要努力实现生活方式上向亲近自然的生活方式转换，转变后的人生与现在的人生之间将有着天壤之别。这才是最佳的替代方法。

现在的世界不知不觉间已经处于不知如何矫正的复杂状态之中了，请向人类转达我们的呼声，这就是我们现在的希望。

类人猿向人类发出的信息

▶▶▶ 最后，如果您还有要对人类说的话，您愿意说出来吗？

我们深爱着人类。与人类共同生活在地球上，这件事本身已经值得感激了，因为我们都是为了相同目的而前进的命运共同体。

我们希望人类重新回到爱护、感激万物的时代，殷切期望从人与万物之间互相蔑视、互相折磨的现实中摆脱出来。这肯定不会是轻而易举就能实现的，但我们希望你们人类除了爱自己的家人外，还能去爱别人。请把万物看做自己的最爱和最贵重的存在来对待吧，您将会获得世界展现出来的不一样的经验。

为拯救地球，黑猩猩传递出的信息

用关爱的眼光来看待自然和万物

　　人类原因不明的疾病当中，大部分都是人类肆意破坏地球环境及对与自己共生共存的动植物、大自然造成的痛苦的结果。现在是想一想到底哪条路才是真正为人类自身着想的时候。将万物看做自己最爱护最宝贵的存在来对待，人类的很多疾病就能得到治愈。

第三部分

地球

家人之泪

地球家人之泪

地球与地球的家人的期盼是

如果有了你的关心和爱，

地球与地球家族可以约定美好的共生共存

而且坚定不移的相信人类，爱人类。

了解并关爱人类，自然，宇宙

您双脚踏着的是地球某处的土地。

地球是圆圆的、泛着蓝色的美丽地方。

蓝天、白云、清爽的大海、雄伟的山脉，

在生生不息的大自然之壮美中

人类、动物、植物等种类繁多的生命体们

忠实地履行着自身的职责，享受着每一天的精彩。

它们是地球的成员，同时也是地球的家人。

然而，不知从什么时候开始，天空逐渐变得灰暗

日益严重的全球变暖和气候异常，

在地里面不可一世的地震波以及随时都可能会吞没一切

的海啸……

地球环境在急速改变，威胁着地球村里面的每一个地方。

生机勃勃的蓝色地球的风貌正在逐渐地逝去。

孕育着生命体的肥沃土壤、郁郁葱葱的山林和原野
在不知不觉间被人类占领、挖掘。

那些与人类同甘共苦的可爱的动物们
身患原因不明的疾病后，被活生生埋葬，
人类排放出的堆积如山的垃圾，浮游在太平洋上
堵死了海洋生物的气孔。

地球的角角落落都在嘶声呐喊。
地球的家人们，痛苦呻吟，罹患疾病。
地球从何时变成这个样子了呢？
它们恐惧异常、悲痛欲绝、泪流满面。

地球及动植物们的痛苦万分的现实
如今很快就要成为人类要面临的现实了

它们是这么说的。

它们众口一致地想要传达的信息是
人类必须保护地球及其家人
克服地球危机的是人类自己
只有人类手中握有克服危机的钥匙。

如今，人类必须倾听一下地球和地球家人传递出来的信息了。
为了它们不再流泪，
也为了保护好这片土地上的美丽容颜。
人类是否应该找回其本然之爱
共担它们的痛苦呢？在一切尚可挽救之前……

1

与**地球**的对话

现在必须做出改变了，如果不能与大自然和我共生共存，人类也将不再受到保护。没人知道我为了庇护人类的行为所吃的苦，现在，人类到了懂事的时候了，如果他们能够稍微理解一下母亲的痛苦，就该像保护珍惜自己的母亲那样保护地球。现在，请你们开始摸索与地球共存的方法吧。

与地球的邂逅

▶▶▶ 地球，母亲！我能跟您对话吗？你为什么会这样热泪纵横、悲从心来呢？［地球走近了我的心里，满面悲伤。］

这就是我现在的状态，我伤心，我感到一种挫败感，这甚至让我无话可说。

▶▶▶ 我也感受到了您目前的这种状态，作为把您变成这种样子的人类中的一员，我深感抱歉。您能说一说最让您心痛的理由吗？

　　我再也无法忍受身体上遭受的疼痛了，然而地球上大部分的人类对我的痛苦全然不知。我为他们提供了得以立足的土地，为所有的生物提供了生长的空间和生存的食物，而他们为什么对我的病痛如此冷漠麻木呢？人类的冷漠以及他们寡廉鲜耻的行为伤透了我的心。我真想放弃期待和希望。

▶▶▶ 我要为人类的无知冷漠以及持续不断的利己行为真心地向您道歉。我能感觉到您所遭受的痛苦，我想通过与您的对话把您的想法和当前的状态广布人间，您看行吗？

　　对人类能否轻易做出改变我疑虑重重，但我没有理由嫌弃向您这样的人的努力。如果您能稍微地感受到我目前的心境和情况，请帮一帮我。最终这也是帮助全人类的方法，因为我和人类是同一个命运共同体嘛。

▶▶▶ 刚开始请求与您对话时，我好像听到的是一位男人的声音，之后听到的又是女人的声音。

这就是男女俱在的地球所具有的表达方式，您可以这么理解。我既不是女性也不是男性的一种状态。

▶▶▶ 但人们为什么会称您为"盖亚女神"呢？

地球包怀养育了所有的生物，具有母亲般的品质，所以才会被称为"女神"或是"母亲"的吧。

▶▶▶ 我能叫您"盖亚"吗？

好的。

▶▶▶ 当前在全球各个地方随时都会发生气候异常和自然灾害，我们知道这是您身体伤痛的表现。时至今日我们才对您开始关注起来，然而许多人对您目前的状态或者大自然的属性一无所知，所以他们不知道哪些行为是错误的，也不知道该怎么办。现在我们想亡羊补牢，所以请告诉我们您的状态以及发生的变化。当前您的状态是怎样的呢？

地球内部的温度在不断上升，地壳也在持续不断地运动着，随时随地都有喷涌而出的可能。每一块土地都已经被挖掘开采，所以我已经是"体无完肤"了，因而再也无力阻挡来自外界的"坏气"了。此外，随着全球城市化、工业化之风的越刮越烈，所有的土地已经被覆盖住，所以我身上还能呼吸的皮肤已经不多了。可以说，我现在已经是皮肤癌患者了。并且，树木被采伐，我从此难以维持正常的体温，严寒或酷暑只能毫无保留的表现出来。我当前已经是光秃秃的样子了。

如果将被污染的海洋以人体中的部位比喻的话，可以视为人体的血液被污染，处于动脉硬化的状态。请想象一下满是油垢和油渣的血管吧。甚至于人类夷平山脉的行为也是在对我割骨抽髓。您能想象出来我所遭受的痛苦吗？在我身上，一处完好的地方都找不到了。

▶▶▶ 啊……！这么严重啊！太对不起您了，我真的不知道该怎样谢罪了。作为把您陷入这种境地的人类中的一分子，我无言以对。如今您所遭受的痛苦已经传达给了我，我此时才知道了我们的所作所为。我从心底明白了全球各地出现的气候异常和自然灾害是极为理所当然的事情了。实际上，人类只对自己的利益或痛苦反应敏感 。

从去年起，世界上的气候异常现象和各种自然灾害越发严重，在全球各地都有地震的零星发生。发生在新西兰和日本的地震震级很大，此外各地地震的震级虽然各不相同，但地震确实在持续不断地发生着。对此，您有什么话要说吗？

地震发生时并不是在一个地方爆发出能量来，而是在好几处地方同时反映出来。新西兰地震或是日本地震都是强度很大的情况，像菲律宾、韩国、中国、缅甸等交替轮流着出现地壳微弱运动。"强"和"弱"两者交替着作出反应，地震或是火山爆发就像音乐的韵律一样出现。

虽然目前仍然是弱的状态，但一旦转换为强态，地球能量就会在某个地方强烈得爆发出来。这种现象出现在火山地区的可能性非常大，环太平洋造山带上也很有可能出现。当前地壳就像一位做热身运动的运动选手一样，在前后左右的活动着，但一旦听到起跑信号，地球就会像运动员一样在全球各地同时并发地震。

▶▶▶ 这么说来，强弱在反复转换之后，就像在某一时刻运动员同时起跑一样，地震也将在各地同时并发吗？

是的，就是这样。强—弱—强—弱反复进行以后就
会正式进入强—强—强的状态。全球变暖引起的地球内
部的热气遇到从外太空射入的宇宙射线后，地球必然要
做出内部调整。

▶▶▶ 那么就地球上出现的自然灾害，能和盖亚您进行交流
吗？

人们必须先表现出自己的诚意。如果人类能诚心诚
意地理解我、觉得愧对我，并能真挚地关注我，那么我
们之间就可以互相对话，也可以探讨某些事情发生的原
因。可是，如果人类依然不抛弃只顾自己的私心，我就
会拒绝与人类的对话。我之所以愿意与您对话，就是因
为我了解您的心情。

▶▶▶ 盖亚，我知道您的心思，我会再接再厉的，努力感受您
所受到的痛楚，同时打破我们人类的冷漠和自私。能与您对
话，我感到非常的幸运，同时再次表达我的歉意。期待着与

您的再次对话。

您的用意是好的，所以我也很期待再次与您对话。

自然灾害传递出的信息

▶▶▶ 盖亚，您好！我感觉到您今天愁眉不展呢。（感到有点怒气。）我想通过对话与您的关系更进一层。今天，地球上休息了一夜的万物又开始了新的一天，您也像我们一样夜里睡觉吗？

我是不睡觉的。很多生命体深夜里也进行活动。看来您是忘记了地球的黑夜与白昼是各占一半并且各不相同的。我呢，观测着许多生物在各自的秩序中活动的过程，同时作为万物的主体，在生物的生活中为他们提供帮助。你们人类恐怕想象不到地球上每天都在发生着多少的事情，我甚至连体积很小的生物的活动都知道得清

清楚楚，就像照顾子女的妈妈一样对孩子的一切都极为
关注。所以我对细小的变化或是活动非常的敏感，不像
人类那样迟钝无知。

▶▶▶ 人类就好比是地球家族中孤芳自赏的局外人一样，可
是这样的局外人数量极为庞大，已经主导了地球的氛围和趋
势，这该怎么办呢？

　　　　没错，所以地球才会变成现在这个样子嘛。就像在
村子的窄巷子里挥舞着拳头玩耍的孩子们一样，如果说
这些不懂事的孩子们不清楚将来要发生的事情，处于继
续得瑟下去的状况，也许更为恰当吧。

▶▶▶ 原来您是这种心情啊。那您会对我们对现状把握不清的
人类做什么呢？

　　　　我现在就想把我的状况传达出来。"地球很危险，
请改变当前的这种生活方式吧。如果继续这样生活下
去，会受到严重的惩罚的"，我其实就是在说这样的
话。但是，可能会有不少人听不明白，所以我自然就会

通过灾害的形式让人类切身体验一番了。大部分人不切身体会一下，就总会将灾难视为是别人的事情，与自己没有关系。就像现在一样，人类的内心被厚厚的墙壁和外壳包裹着，对人类的良言善语似乎很难行得通。要打破人类的这种坚硬的外壳就需要强烈的冲击。所以，灾害并不一定都是坏的东西。只有通过痛苦或者困难才能让人类反省自己的所作所为。

▶▶▶ 以日本为例，一两次的地震就把一个国家变成了杂草丛生的地方，太可惜了。在盖亚您看来，遭受到天灾人祸的日本人的内心是怎样的一种状态呢？

许多的日本人在灾害中失去生命，失去家人，对此我也很心痛。地球上的所有人都是一家人，都像我的子女一样珍贵，面对这么多的人员伤亡我怎么会无动于衷呢？但很多日本人并不真正清楚地震发生的原因，他们认为，日本是地震的多发国，尤其是日本的领导层迟迟不肯采取相应措施，并对国民隐藏事实的真相。正因为如此，目前很多日本人在面临着更为严重的困难。问题不单单在于自然灾害，更大的问题还在于人类面对大灾害时的意识以及对策。我感受到了日本人民的悲痛。

现在人类需要更为成熟的面貌和意识的成长，特别在对待生存与死亡的问题上更是如此。人类在遭遇到生死问题时，就会表露出自己的意识状态。人类在此类自然灾害的经验当中，就会实现自身的进化，这种极端的状况给人类提供了进化的良好教材。日本人如果明白了这一点，对其思想意识的成长以及自身的进化都是大有裨益的。

▶▶▶ 日本人民遭受到的痛苦和悲痛传到我这里，心里很不是滋味。

人类的这种感情对其自身的进化是极为有益的，所以悲痛和痛苦对人类而言是非常有必要的。置身事外的人能对日本人的痛苦感同身受，对进化也是有帮助的。这是对人类的爱啊。这种爱撒播到整个地球时，地球上的人类就会实现自身的成长。对自然灾害的发生不要太过悲观，也不要太过伤心，为了人类的成长，请良好地应对，乐观地接受。

▶▶▶ 很多国家都希望能帮助日本渡过难关，并且正在伸出自己的援助之手。您是如何看待这一点的呢？

用意是很好的。尤其是日本的邻国都体会不到它的悲痛时，世界末日真的将要到来了。共担他人的困难，是作为人类、作为生命体生活在地球上的意义之所在吧。

▶▶▶ 作为日本邻国的国民，我期盼着日本早日战胜困难，实现自己的成长。

谢谢您，今天的地球也同样拜托给您啦。

对地球的理解和渺小实践

▶▶▶ 盖亚，您好！日本出现的放射性灾害日益严重，您没事吧？

怎么可能会没事呢？核辐射对许多生物而言都是致命性的，它能造成大量的生物基因变异，非常危险。现在日本周围的动植物甚至海洋都罹患重疾，这意味着人类也即将遭此劫难。

▶▶▶ 据说雨中也含有放射性成分，那么以后这种现象将会持续一段时间吗？

是的，雨水能洗刷掉空气中的放射性物质，其实这也是大自然的一种自净作用，所以最好不要淋雨。敏感的人们或者是其他生物，很容易就对放射性物质作出反应，因此最好避免暴露在室外。

一个国家泄露出来的放射性物质竟然影响到了全世界，您可以想象我遭受到了多么严重的损伤。切尔诺贝利核泄漏事故的影响至今仍然没有消除，受过一次损坏的生态系统需要很长的时间才能得以恢复。人类为了自己的利益和便利，经常肆意破坏大自然的循环系统，并对此不以为然。

现在必须做出改变了，如果不能与大自然和我共生共存，人类也将不再受到保护。没人知道我为了庇护人类的行为所吃的苦，现在，人类到了懂事的时候了，如果他们能够稍微理解一下母亲的痛苦，就该像保护、珍惜自己的母亲那样保护地球。这些话竟然需要我亲自说出口，太让我伤心了，同时我也很惭愧，就像没有管教好自己子女的妈妈一样。现在，请你们开始摸索与地球共存的方法吧。这是我对地球上的所有生物传达出的信息。

▶▶▶ 盖亚，我明白了您的良苦用意，我会尽全力去传达的。那人类保护您最先需要从哪方面开始关注呢？

首先要理解地球当前的状态。倾听一下地球当前所说的信息，另外，为了实现整体上的改变，需要大量的人一起努力。哪怕是再渺小的实践，如果有大量的人来共同完成的话，就能产生巨大的变化。我期望，人类不再使用一次性用品，减少垃圾排放，多植一棵树等与地球共存的任何事情、任何实践，并在此过程中实现自身意识的觉醒。

人类的意识潜伏着巨大的力量，具备这种思想意识的人越多，我就越能被其气所影响。之后我的自净作用就有可能有所不同。人类意识的改变以及细小行动的改变将会大大地安慰到我，我也开始愿意与人类共生共存。有诚心竭力的儿女，就不会有置若罔闻的母亲。请拿出你们的真诚和心意来吧，那么，我也同样会改变自己的内心的。

虽说自净作用在当前是必不可少的，但只要人类能够幡然醒悟，与我共生共存，我的自净作用就可以变弱，或者只在需要的地方发生。这番话能不能对更多的人产生影响，我不得而知，但是相信这一信息的人越多，对人类以及地球就越有利。想必您也听说过"二人同心，其利断金"这句话吧。

▶▶▶ 感谢您坦率的心灵告白。看来思想的变化是最为重要的。我最近也在努力减少食物垃圾的排放，我也将会重新审视一下生活中的一切行为的。同时，也会好好想一下将这些信息公布于世的最有效的方法。

您首先身体力行，与其他人一道结成纽带关系，扩大施加影响的领域以及能量。集腋成裘嘛，传递地球危机的信息其实也是方法之一。

当前需要的是多数人的改变，否则我将毫无保留地开始非常严重的自净作用。人类的变化既是我所期盼的，同时也是宇宙早已安排好了的。少数人的改变并不是我所希望看到的。

▶▶▶ 我很清楚您的用意，从今往后我将会不遗余力地传递您的信息，并努力实践下去。谢谢您。

嗯，我也很高兴，因为我的想法能够传达出去。

非洲人的痛苦

▶▶▶ 盖亚，您好！一直以来，人们将大自然的惠泽视为是理所当然的，而现如今却感受到了威胁。被核辐射污染的雨水和空气也造成了饮用水和食物的污染，人们突然对生态系统造成损害的严重性有了切肤之感。

如今地球的危机已经让您有了切肤之感了啊。下面咱们就谈一谈生物存活所需的最为基本的水。地球循环系统中，利用水净化世界也是一种方式，水从生命诞生之初就一直存在着，它是孕育万物的根源。这次地球进行的净化作用中，很多情况都是利用水来对地球进行净化的。

▶▶▶ 地震或者火山喷发与水似乎没有什么关系。

是的，但是比起地震和火山喷发，更为可怕的海啸却是水的净化作用的表现，洪水、暴雪、冰川融化等都是水在起作用。水对万物相当重要，一旦发生自然灾害时，最紧急的应对措施就是解决淡水问题。

在地球发生自净作用期间，能够购买到活命水是一件非常幸运的事情。地球上大部分的淡水很有可能面临着被污染或是无法使用的危险。请看一看现在的日本吧，您很快就会知道，储备淡水是最为重要的问题了。

现在日本尽管从周边国家进口了饮用水，暂时解决了国民的饮水问题，但如果各国同时出现灾害，而饮水问题无法解决的话，一切地方的生命都难以幸存下来。当前日本周边海域已经被放射性物质污染，韩国也开始受到影响。因为水是流动的物质，所以很容易污染到其他地区。因此在出现自然灾害的各地，将很难找寻到清净的饮用水。

▶▶▶ 嗯，是这样的。没有了水，也就没有了人和所有生物，我再次体会到了这一点。那么目前从全地球的层次上看，就没有方法是通过水来缓和地球的净化作用吗？

请想一想非洲吧。那里很多的地区变得越来越干旱，就连被污染的淡水也难以找到，于是人们要走很远的路去找水。喝了这样的水后就会得病，甚至会被毒死，明知到这一危险的非洲人却不得不饮用这些淡水。同为地球人，您在多大程度上将非洲人遭受的痛苦视为自己的事情，或者是有多焦急地试图解决他们面临的问题呢？有那么多的非洲人因为缺乏饮用水而正在挣扎在死亡线上，但其他地球人却袖手旁观。地球上的人都长着心吧，如果都有一颗热血跳动的心脏的话，能坐视不管吗？而这恰恰就是目前地球存在的问题。您正在做出怎样的努力呢？

▶▶▶ 太对不起了，在此我要道歉。我跟其他人也没有多大的区别，只不过平日生活中注意节约用水罢了，我过得太安逸了。但我们该采取什么样的行动、怀揣何种思想才能最大限度地帮助非洲人民呢？

　　真正地想象一下自己的儿女和家人因为缺水每天过着痛不欲生的生活，身体和内心干渴地快要着火了。我们并不是要给予他们帮助，而是应该作为将地球变得荒芜不堪的人类中的一分子，去真正解决这一问题。地球人需要的不是对非洲施舍帮助，而是揭示出问题的原因之所在，然后同心协力地去解决这一问题的意识。此外，还需要外界的经济援助以及同为地球人与非洲人共存亡的思想意识。人类应该认识到，非洲人只不过是首当其冲罢了，而这不仅仅是他们的问题。所有的地球人都应该学习如何对待他们以及如果解决他们面临的问题，与他们一起努力。

▶▶▶ 您对地球和地球家族的真挚爱意已经传达给了我，我也会为减轻非洲人的痛苦，用生生不息的爱和行动努力奉献的。

特殊的地方，地球

▶▶▶ 盖亚，您好！

我已经感觉到您了，您像大海一样深广，像风儿一样温柔，也像阳光一样温暖。您用母亲般的胸怀包容着一切，我就是您，您也就是我。不管身处何地，我都深爱着这片土地——地球。

很好，您这样形容我⋯⋯

如果地球人知道了地球正在经历着一日千里般的变化的话，就会产生拯救美丽的地球的想法。蓝色星球——地球，在宇宙中也是最漂亮、最特别的星球和空间。人们在地球上虽然时而感到艰难困苦，时而感到幸福异常，但养育动植物以及万物的我，却常常希望地球上一切的生命都能幸福地生活，完美地进化。我内心也来自宇宙，我只期望着一切的生物都能再生为其本然的面貌，经历出生、成长、消亡的过程后，实现各自的进化。

▶▶▶ 地球是宇宙中特殊的地方，这有什么意义吗？

地球是宇宙各星球中物种最为丰富并且通过各生物履行各自的职责所产生的星球。她并不简单，也并不无聊，而是复杂多样的，因为地球存在这种特性，作为妈妈的我甚至都记不住某些生物。而多样性之美就在于变化之多，也在于很有可能出现根本就无法预测的事情，这就是地球的意义之所在。

▶▶▶ 盖亚，如果地球上因为各种变数而发生预料之外的事情，您该怎么办呢？

我觉得变数是要面临的命运，或者是生命体生活中的因素。可是，如果变数太大，大到已经影响到地球的生态系统或是很多地区，宇宙就要发挥其调节作用了。宇宙会通过我发挥自己的作用，当然这也超出了我的职责。

▶▶▶ 盖亚，在您看来，目前地球是否存在很大的变数呢？

是的，决定着地球和众多的生物命运的大事就是存在着这样的变数，而且这种变数也会受到小事的影响。所谓的变数，同时也是能够影响到地球发展趋势的因素，而目前影响地球的因素不是其他的生物，正是人类。人类是最大的变数吧，动植物们已经知道了地球将要发生净化作用的事实，并且已经做着准备，或者极力挺过这场考验。而装点变数的最终部分的一张牌正是人类。

▶▶▶ 有什么方法能换掉人类握有的这张牌吗？

醒悟。从深度睡眠中醒来，找到自己的位置，履行地球保护者的职责。此外，做好应对当前时代变化的准备，并准备通过自身的觉醒完成自身的进化。

▶▶▶ 在您看来，人类目前的准备工作已经达到怎样的程度了呢？

目前人类的准备非常的微不足道，只有少数人认识到了危机的存在，并开始采取行动，而大多数的人仅仅从环境的角度去做准备，而自我觉醒或者醒悟的准备非常的不足。对物质文明的追逐让许多人精神败坏，沉浸在物质的美梦之中。对金钱和权力永无止境地追逐已经让人丧失了生命的本质。

▶▶▶ 我最近一直不断努力做的一件事就是减少塑料袋的使用，不管买什么东西都少不了塑料袋。我在一天中消费掉的塑料袋数量就很庞大，所以我外出时随身携带着一两个塑料袋，只有在万不得已的情况下，我才会用它来装物品。生活中大量用到的塑料袋造成了严重的环境污染，盖亚您是如何看待的呢？

塑料袋对人类来说，就是"便利"的代词，可是对地球我来说，却是最让我头疼的东西。每天都有大量的塑料袋被使用，并且被扔掉。一个塑料袋需要几百年的时间才能完全腐烂回归大自然，但每个人一天内就会用到好几个塑料袋，我还能说些什么呢?

塑料袋方便了人类，但却阻塞了地球上土壤和环境的气孔，它们已经是癌症晚期窒息之前的状态了。如果将泥土处理不了的物质扔进土壤之中，土壤就会再也承受不了这份重担，撒手不管。然而类似这样的地方正变得越来越多，这自然就打破了生态系统的正常循环了。请大家不要在使用塑料袋了，腐烂不了的塑料袋会长久地留在您死后长眠的地方的。

▶▶▶ 盖亚，今天我还会好好保护地球，采取实际行动，把对地球的热爱之情传播给周围。请保重!

好的，再见!

2
为了**地球**和她的家人

赋予人类超群的智力和出类拔萃的能力是为了令其呵护地球家人，而不是凌驾于万物之上，滥用手中的权力。现在人类从沉睡中醒来，怀揣着对它们的深深的愧疚感，以地球监护人的身份关注它们，爱护它们。难道不该这样吗？

植物传递出的热爱地球之信息——分享爱

▶▶▶ 植物先生,您好!在我与植物开始对话的过程中,我感受到了植物体内充满着能量与爱,我真的希望更多的人能与植物共生共存,互相传递这种能量与爱。

对植物的爱、对动物的爱以及对万物的爱是爱的扩展。爱护植物,作为高处一个层次的爱,与吸收能力强大的人类之爱是无法相提并论的。相互之间通过交互感应,彼此传递灵之能量,实现自身的净化。

人类的爱(特别是男女之间的爱情)难以达到无心

的境界，经常造成彼此之间的痛苦和伤害，但与植物之间的爱却随着关注度和爱的不断深入，越发接近无心之境界。由于存在波长较短的效果，所以身心的净化作用也将出现。

人类的"爱心缺乏症"在现代人身上的表现虽然存在着大大小小的差异，但却是所有人都存在的症状，该症状出现的根本原因是与本性间的分离。人类本性之中的思念、孤独、悲伤等的感情被歪曲，人类不断渴求那种坚韧的爱，而这正是整个人类的问题，同时也是人类重新审视自我的契机。

这种爱之缺乏症蔓延到动植物以及万物之中，就会跳过这种不足，产生升华爱的方法。如果人类能认识到这一点，在与动植物以及世间万物的互爱当中就会充满快乐和欢呼。当你开始撒播爱的时候，在不知不觉间就会接近爱的根源，从而会让内心中充盈着爱。

热爱植物，就会发生人与植物间的共鸣，人类就会学习、传播植物之爱；热爱动物，就会体会到动物的可爱、亲切、母子之间存在的那种肌肤之亲，就会更加善于表达自己的感情；热爱万物，人类就能打开万物能量流通的通路，理解物质，开始思考与万物间的共生共存，并向万物普施呵护之爱。此时出现在人身上的爱，其层次已经不同了，已经扩大为全人类之爱了。

在人类的日常生活中，通过对植物、动物以及万物之爱来弥补人类的爱心缺乏症，并实现爱的升华，比起通过人类的关注来对这种爱之不足进行弥补的做法，更加有效。所以，请利用这一方式来培养对动植物以及万物的爱吧。

给蔬菜浇水、管理蔬菜，播下一粒种子亲眼看着它一点点生长，呵护花草，关心爱护它们，在果树上面摘果子或是捡拾掉落的果实……这些细小的行动既是对自己的爱护，同时也是作为宇宙中的成员之一的人类，体会到自己的存在感，培养自身之爱的非常宝贵的行动。

请密切注视着幼小的新芽，热爱阳光吧。

向不能开口说话的动物们献上自己温情的注目礼，倾听它们的困难吧。

进行深呼吸，向万物传播爱之气吧。

同时，仅仅抓住身旁人的手。

请期盼上天的爱永远流转。

▶▶▶ 我会将你们的支持以及爱传达给全人类的，谢谢您了，植物先生。

动物传递出的热爱地球之信息——素食，常怀土地之爱

▶▶▶ 牛先生，您好！最近越来越多的人走向了素食主义，在与您对话的过程中，我知道了人们食用的家畜，从它们被生产加工开始就存在着很多的问题。不人道的饲养方法，残忍的屠宰，滥用抗生素，玉米做成的饲料问题，浪费粮食，浪费水以及由此造成的环境污染等已经对畜牧业造成了非常严重的损害。还好，越来越多的人开始参与到素食主义的道路上来了。

是个好消息。但是这种出于改正错误的目的而行的素食主义，我并不提倡。

▶▶▶ 您不提倡？

该否定什么，该禁忌什么，人类在这些问题上做着激烈的思想斗争，而源于这一思想斗争的素食主义，其

本身就像肉食文化一样，只不过是人类欲望的另外一种表达罢了。

素食必须是自然而然的。所谓"食物"，就应是人类自然而然所获取的"满载祝福的物品"。这样的食物在你们身旁俯拾皆是，然而，人类为了满足自己的胃口，还是做出了肉食和各种调料等。

对美食一味的追逐，造就了千篇一律、单调枯燥的饮食文化。

▶▶▶ 那在您看来，我们应该以怎样的心态来面对素食呢？

素食主义的出发点不应是"否定什么，改变什么"的这种负面性的欲望，而应该从大地开始。

怀揣着一颗热爱大地的心。在我们牛类思念土地、拥抱大地般的热爱中开始素食主义的话，你们马上就能领悟到素食的丰富。素食中，有土地传递出的新鲜感，有充满生机的野菜，还有各种应季的水果、果实以及地里面的根类等数不胜数的食物。可是人类却仍不满足，他们不清楚这些食物各自独特的味道和气，总是说肉食美味，每天都贪望着腐臭的肉食，而这一切都是因人类的贪欲而起。

如果了解了大地，就会明白，在大地上生长着的所有生物都会成为"满载着祝福的食物"。可是，很遗憾的是，目前地球上的土地太过荒芜了，提供不了这样满载着祝福的农产品。

只有在活着的土地中，才能生产出新鲜的农产品，请不要忘记这一点。如果真要选择素食主义，最好能脱胎换骨重生为挚爱着大地的一个人。所以说，素食出发于热爱大地的内心之中。

▶▶▶ 这么说来，正确的素食方法就是内心深爱大地啊。

是这样的，万物生命之本源来自大地，而素食就应从正确地维持这一"根本"开始。"根本"就不正确的文化最终将会走向没落。当前地球人行动的终点在哪里？当前地球上的土地会如何发展？当前地球上的动植物们过着怎样的生活？它们的未来会是怎样的？

人类的科学文明以及人类创造的文化，不管发达到哪种程度，如果生命的家园毁灭，那么文明的发展结果也是显而易见的。而地球正在发出着警告。如果人类能认识到这些问题，就应早日站在素食的起跑线上，表明自己要尝试一下的坚强决心。

当前还为时不晚，拯救地球、拯救自我以及拯救地球上所有的动植物的宇宙大爱应该在地球人心间生根发芽，而它就能拯救地球。

　　素食运动必须出发于拥有这种爱的内心，食用在土地上用爱心顺利长成的食物，便是正确的素食文化。

▶▶▶ 素食出发于对大地、地球以及所有生物的热爱之中，我会对此铭记于心的。谢谢您。

在与动植物们对话的过程中，我心里始终很难受、很愧疚。

在最近的新闻中，又有因感染传染病而将动物们像扔东西一样埋在地里的报道。

对待这些总想与人类分享自己的爱、与人类共存的动物们，我们太残忍了。

一想起那些因为感染了口蹄疫而被活埋在冰凉的地里面的猪仔们，悲从心来，泪如泉涌。

以下是跟猪仔的对话，它与猪妈妈一起因为口蹄疫而被杀。

*****

我能跟因感染口蹄疫而被杀死的猪仔对话吗？
（对话一开始，感到了彻骨的悲痛，泪如涌泉。）

伤心啊，连绵不绝的伤心。
我们同在蓝天下，共为生命体。

呼吸着世间的空气，流淌着鲜红的血液，
我也想活蹦乱跳地生活，也想开怀大笑。
出生还没有多久，
还不知道活着是个什么样子，就不明就里地死去了。

在死去的那一瞬间，被恐惧包围的我在找妈妈。
有妈妈在身边会感到安全。
然而，妈妈却先我一步走了。

土一锹锹地埋在了身上，无法呼吸了，眼前逐渐变得漆黑，我想到了死亡。

然而，比起死亡，更多的是恐惧。

生命消失后不知道会是什么样子，

所有的伙伴们都在大声悲鸣。

极度的集体恐惧造成了更大的痛苦，

亲眼看见妈妈死去时，我已经绝望。

当时的恐惧，在死后的现在这一瞬间，

将我一下就送入了悲痛与恐惧之中。

所有的猪仔，直到断气的那一刻，在万分苦痛之中含着深深的怨恨与伤悲，死去了。

小猪仔先生，

对不起。

真的对不起。

只会对您说"对不起"三个字，我感到更加对不起。

★★★★★

偶尔会想象一下：

春天时的新芽吐香，花香四溢；

盛夏之夜，知了长鸣，我们优哉游哉地赶着蚊子；

秋天来临时，金黄色田野中，稻花香里说丰年

冬天里在雪地中撒欢儿的小狗留下的脚印……

认识到，所有的这一切，只有当人类与地球家人共同创
造时才会变为可能。

在与人类共存共生的它们消失之前，

我想向它们深深地谢罪。

我想对它们说，没有爱护好你们，对不起，

请求它们能像以前那样与人类共生共荣，

我会像对待家人一样珍惜保护你们的。

在一切还能挽救之前。

"请记住我们是超出人类家畜之上的人类的家人。
我们想再次与人类分享我们的爱，与人类共生共存。"

"我们希望人类重新回到爱护、感激万物的时代，殷切期望从人与万物之间互相蔑视、互相折磨的现实中摆脱出来。"

"我们的时间不多了，
这样可以与人类互视、互爱的时间不多了。我们深爱着人类！"

动植物告诉人类的
拯救地球的微小实践

❶ 养成不影响大自然的生活习惯。减少手机的使
　用，减少垃圾。

❷ 为了地球和自己的健康，请将步行生活化。

❸ 明白人类也是自然的一部分，每天抽出时间与
　自然进行一次交互感应。

❹ 抛弃只为人类自己而追求安逸的欲望，过朴
　素、亲近自然的生活。

❺ 居住在小房子里，节约水电。

6 用感恩的心去面对水、空气、阳光等自然无私施与人类的爱。

7 进餐时常怀感恩之心。

8 感悟到动物是人类的伙伴，是拥有自由生存权利的宝贵生命体，因此要尊重它们。

9 减少肉食，将素食生活化。

10 帮助痛苦中的地球家人，每天为它们祈祷。

拯救地球的微小实践!

为了地球，您在生活中做着怎样的实践呢？

您将一周内为了地球而做出的实践活动发给我们，我们将从平均分在70分以上的人之中抽出100人，为您献上您喜欢的树仙斋书籍。

应征方法：

1. 一周期间认真践行为了地球的微小实践列表。
2. 核对每一项实践活动后，用相机将其拍下。
3. 实践活动中，将自己的感受发表在博客（微博）上面，同时一并上传自己喜欢的树仙斋图书、照片。
4. 访问树仙斋网页，选好您想要的图书。
5. 访问新人类网页参加赠书活动。

   · 树仙斋网址：www.suseonjae.org

   · 新人类网址：www.xinrenlei.cc

   · 咨询邮箱：jangeunseong@suseonjae.org

   xinrenlei@xinrenlei.cc

拯救地球所做的微小实践核对列表

1 手机通话时简短明了，减少不必要的通话。

周一 yes☐ no☐　　周二 yes☐ no☐　　周三 yes☐ no☐

周四 yes☐ no☐　　周五 yes☐ no☐　　周六 yes☐ no☐

周日 yes☐ no☐

2 关闭不用的电器电源，将插头拔出。

周一 yes☐ no☐　　周二 yes☐ no☐　　周三 yes☐ no☐

周四 yes☐ no☐　　周五 yes☐ no☐　　周六 yes☐ no☐

周日 yes☐ no☐

3 使用杯子盛水漱口，节约用水。

周一 yes☐ no☐　　周二 yes☐ no☐　　周三 yes☐ no☐

周四 yes☐ no☐　　周五 yes☐ no☐　　周六 yes☐ no☐

周日 yes☐ no☐

④ 为了减少垃圾，将垃圾回收利用，克制一次性物品的使用。

周一 yes☐ no☐　　周二 yes☐ no☐　　周三 yes☐ no☐
周四 yes☐ no☐　　周五 yes☐ no☐　　周六 yes☐ no☐
周日 yes☐ no☐

⑤ 为了地球及自己的健康，在一两个公交站牌之间或很近的距离之间步行。

周一 yes☐ no☐　　周二 yes☐ no☐　　周三 yes☐ no☐
周四 yes☐ no☐　　周五 yes☐ no☐　　周六 yes☐ no☐
周日 yes☐ no☐

⑥ 步行时不要想任何事情，并向遇到的天空、大地及动植物致以亲切的问候。

周一 yes☐ no☐　　周二 yes☐ no☐　　周三 yes☐ no☐
周四 yes☐ no☐　　周五 yes☐ no☐　　周六 yes☐ no☐
周日 yes☐ no☐

⑦ 吃饭时，对大自然毫不吝啬的爱心怀感激。

周一 yes☐ no☐　　周二 yes☐ no☐　　周三 yes☐ no☐
周四 yes☐ no☐　　周五 yes☐ no☐　　周六 yes☐ no☐
周日 yes☐ no☐

⑧ 感悟到动物是人类的伙伴，是拥有自由生存权利的宝贵
生命体，因此要尊重它们。

周一 yes☐ no☐　　周二 yes☐ no☐　　周三 yes☐ no☐
周四 yes☐ no☐　　周五 yes☐ no☐　　周六 yes☐ no☐
周日 yes☐ no☐

⑨ 减少肉食，将素食生活化。

周一 yes☐ no☐　　周二 yes☐ no☐　　周三 yes☐ no☐
周四 yes☐ no☐　　周五 yes☐ no☐　　周六 yes☐ no☐
周日 yes☐ no☐

⑩ 帮助痛苦中的地球家人，每天为它们祈祷。

周一 yes☐ no☐　　周二 yes☐ no☐　　周三 yes☐ no☐
周四 yes☐ no☐　　周五 yes☐ no☐　　周六 yes☐ no☐
周日 yes☐ no☐

拯救地球及其家族的33种爱的实践

① **能源** 夏天以26度、冬天以22度度过：暖气与空调是能源杀手。

② **环境** 坚决遵守垃圾分类处理方案：循环利用"我"所堆积的垃圾，就可以再利用60亿个垃圾。

③ **能源** 使用电子产品后，拔掉电线：待机状态下消耗的电能比使用时消耗的能量更多。

④ **环境** 不剩饭：在非洲，目前仍有因饥饿而死亡的人。

⑤ **能源** 直接关掉没有必要开着的电灯：请不要让电灯孤单。

⑥ **能源** 用手帕代替卫生纸：现代人的礼仪是兜里的手帕。

⑦ **环境** 制造双面纸箱进行再利用：请救救树吧！.

⑧ **环境** 不使用纸杯：树是氧气制造器。

⑨ **能源** 路途近的话就步行：健康与节能一举两得。

⑩ **能源** 开车时不急刹车、急行驶：加速是一种耗油如流水的行为。

⑪ 环境　吃地方生产的食品，而非进口农产品：进口物品会产生巨大的碳。

⑫ 环境　不吃（导致环境污染与破坏的）快餐：有害健康。

⑬ 动物保护　劝导周围喜欢吃肉的人多吃蔬菜：动物是与人类同等的生命体。

⑭ 环境　在超市使用环保购物袋：塑料袋经过一百年都不会腐烂。

⑮ 环境　不包装礼物：不必要的包装会污染环境。

⑯ 动物保护　不穿毛皮大衣：动物是与人类完全相同的生命。

⑰ 环境　不随便折花：请保护植物吧。

⑱ 环境　刷牙、打肥皂时，关闭水龙头：请减少多余的用水量。

⑲ 环境　若有勇气的话，购买再利用物品：塑料不腐烂。

⑳ 环境　戒烟：污染空气，也有害于周围人的健康。

㉑ 环境　不使用纸巾：请救救树吧！

㉒ 环境　拾起住宅周围的垃圾：这是保护环境的开始。

㉓ 环境　不使用破坏环境的厨房用品（漂白咖啡过滤

器、塑料保鲜膜）：它们不腐烂。

㉔ 环境　不购买不需要的物品：不要因为打折就买东西。

㉕ 环境　积极推动"节约使用、分享使用、交换使用、再次使用"运动：循环利用是环境保护的开始。

㉖ 环境　不使用一次性尿布、一次性卫生巾，而使用棉尿布、棉卫生巾：一次性用品会使地球淤血。

㉗ 能源　食用宅房地（室内）栽培的蔬菜：有利于精神健康。

㉘ 环境　使用有机制品：如果减少人工肥料的使用的话，土地就会复活。

㉙ 能源　以走楼梯来代替电梯：既有利于健康又节约能源。

㉚ 环境　确定一个绿色导师，并努力向他学习，将自己的实践经验与周围的人分享：与值得尊敬的人一起进行实践是一件非常愉快的事。

㉛ 环境　为了保护环境，花费时间与金钱，并进行捐赠：让别人过得好也是一件开心的事。

㉜ 环境　每天一起为地球祈福：将集体无意识转化为积极的方向。

㉝ 能源　冬季穿内衣：能够减少10%的能源。

关于我们

　　"冥想"中 "冥" 的字意为"闭眼"， "想"的字意为"专注"。 冥想的字面意思就是"闭上眼睛，专心致志"。也是摆脱来自周围不必要的杂念和影响我的事情，去追求自己渴求的真理，并不断完善自己内在之美的过程。人可以通过这种过程做到不依靠他人完全独立的一个整体。在冥想过程中，如果能达到毫无杂念的平静状态，就可以通过非常低的波长对曾经毫无关心、从未想过的事情或事物产生好奇和爱心。本书是韩国冥想学校树仙斋的冥想家们通过冥想与动植物和大自然进行对话的内容。

冥想学校树仙斋(www.suseonjae.org)是在韩国始于1999年的冥想团体。他们通过冥想恢复了断绝已久的与自己内心、邻居、自然、宇宙的关系，并与他们和谐共存当中找到了真正的幸福。并且将自己领悟到的真理传递到家族、邻里和这个世界，实践与自然万物和谐共存相辅相成的生活。树仙斋从图书《与人类对话灾难——动物们传递出的拯救地球及全人类的希望信息》为开始，分别以《危情地球，诉说着希望》、《与地球同行的七日之旅》等系列丛书传递着自然与地球告诉人类的危机与希望。

　　新人类是热爱仙文化并付诸实践的人们。新人类的宗旨是关爱他人和大自然并追求自然的生态生活。目前的异常气候和自然灾害等等现象是现代人远离自然地生态生活而面临的生态危机。虽然人类的鲁莽式开发和破坏环境是生态危机的直接诱因，但是更大的原因还在于人类自私自利的利己主义、利润至上的资本主义欲望以及追求物质富足和享受所造成的人性的丧失。生态危机既是人性的危机，新人类以仙文化为基础努力实践人性回归、关爱他人、爱护自然。我认为能够帮助人性回归的最佳选择是书籍。所以新人类(www.xinrenlei.cc)通过开设新人类书吧与当地居民分享优秀图书，并且成立"新人类公益社"来实践对人与自然的关爱，与当地居民进行沟通和交流。

新人类独家代理"韩国图书出版树仙斋"的书籍。借此机会向为了《与人类对话灾难——动物们传递出的拯救地球及全人类的希望信息》的出版而付出努力的"韩国图书出版树仙斋"的相关人员和中国社会科学出版社的王斌老师和武云老师表示真挚的感谢。

2011年秋

新人类 金重模敬上

二维码图像及使用流程图

酷码：143575

内容为与本书相关的视频及精美图片

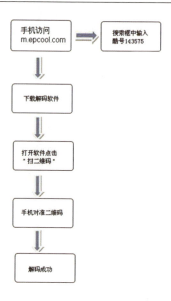